中学入試

算数 図形問題
完全マスター

ハイレベル

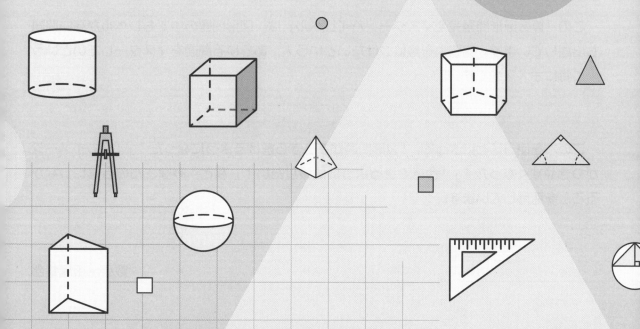

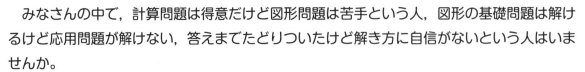

はじめに

　みなさんの中で，計算問題は得意だけど図形問題は苦手という人，図形の基礎問題は解けるけど応用問題が解けない，答えまでたどりついたけど解き方に自信がないという人はいませんか。

　この「算数図形問題完全マスター　ハイレベル」では，そのような人のため，図形の応用について学び，その要点を整理してから，問題を解いていけるように作られています。

　中学入試では，複雑な図形の角の大きさや面積，体積を求める問題が多くあります。

　しかし，みなさんの中に次のような悩みを持っている人も多いのではないでしょうか。

○　複雑な図形のイメージができない...

○　どの問題にどの公式を使えばいいのかわからない...

○　公式の応用のしかたがわからない...

　「算数図形問題完全マスター　ハイレベル」では，このような悩みが解決できます！　図のイメージができるように，多くの図を使って解説をしています。また，公式を使って解く問題を複数出題しているので，公式を使う問題のパターンを知ることができます。たくさん問題を解くことで，図形問題に対する苦手意識もなくなるでしょう。

　この「算数図形問題完全マスター　ハイレベル」は，図形問題の中でもレベルが高い問題も出題しています。実践力を身につけたいという人，あらゆる問題をマスターしたいという人に特にオススメです。

　この本を使うことによって，「図形問題がすらすら解けるようになった！」「図のイメージがつきやすくなった！」「合格できるように頑張りたい！」など，みなさんの自信につながることを期待しています。

数研出版編集部

本書の使い方

　受験算数の図形問題の中でも，標準問題から応用問題が中心となっています。各単元は，「例題→練習問題」のくり返しになっていて，各章の最後にまとめ問題があります。

例題
ステップ１→２→…と順番に解いていく　と答えまでたどりつくようになっています。

練習問題
例題と同じような問題や，学習した解法を活用する問題です。問題が解けたら□にチェックをつけ，わからないときは例題を見直しましょう。

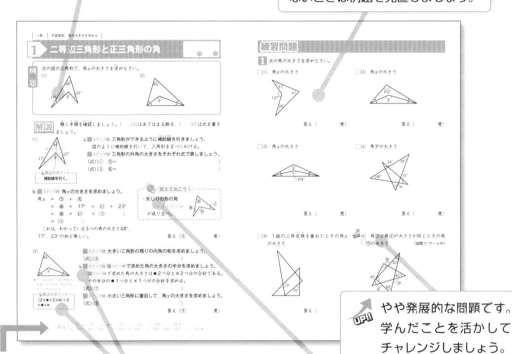

例題の答え

やや発展的な問題です。学んだことを活かしてチャレンジしましょう。

解法のポイント
問題を解くカギとなるポイントと，どの手順で使うのかが書いてあります。

覚えておこう！
例題を解くのに重要な公式や考え方をまとめています。

目　　次

1章　平面図形　角度を求める

入試の傾向と対策

　矢じりの形の角の性質や，三角形の内角と外角の性質を利用した問題が多く出題されます。図形の折り返しや円の問題でも難しく考えず，どこかで公式が使えないかを考えながら解きましょう。補助線を引くことで解きやすくなる問題もあります。

2章　平面図形　面積や長さを求める

3章　平面図形　合同と相似，比を考える

4章　平面図形　移動を考える

5章　立体図形　表面積と体積を求める

入試の傾向と対策

　複数の立体を組み合わせたり，へこませたりした図の表面積や体積を求める問題が多く出題されます。求める図がどのような図なのかを正確にイメージできるようにしましょう。また，解法のパターンも身につけましょう。

6章　立体図形　空間をイメージする

入試の傾向と対策

　複数の立体を組み合わせたり，くりぬいたりした立体を使った問題，立体を切断する問題が多く出題されます。図に線をかきこんだり，新しく図をかいてみたりして，どのような形になるのかをしっかりと理解できるようにしておきましょう。

7章　立体図形　水についての問題を考える

入試の傾向と対策

　複雑な形の容器を使った問題が多く出題されます。問題文や図，グラフから状況を読み取ることが正解にたどりつくポイントになります。

● 適性検査問題に慣れよう

入試の傾向と対策

　公立中高一貫校や私立中学の入試問題では，長い会話文を読み解く問題も出題されます。これらの問題では，図形や立体の性質を知っていることだけでなく，会話から図形や立体について読み取ることが求められます。文章をよく読み，十分に状況を理解してから問題を解きましょう。

●総合テスト

　総合テストは，①～③それぞれ100点満点です。学習したことがどのくらい身についているか確認しましょう。

三角形の内角と外角・三角定規の角

月　日

例題 次の図形で，角 x の大きさを求めなさい。

(1)

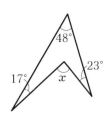

(2)

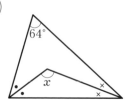

解説 解く手順を確認しましょう。（　）にはあてはまる数を，〔　〕には式を書きましょう。

(1)

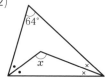

👆**ステップ❶** 三角形ができるように補助線を引きましょう。

図のように補助線を引いて，2つの三角形に分ける。

ステップ❷ 三角形の外角の大きさをそれぞれ式で表しましょう。

（式）〔① う＝　　　　　　　　　　　　　　　　　〕

（式）〔② え＝　　　　　　　　　　　　　　　　　〕

┌─ 👆解法のポイント ─┐
補助線を引く。
└────────────┘

🔍**ステップ❸** 角 x の大きさを求めましょう。

$$
\begin{aligned}
角 x &= ⊕う + ⊕え \\
&= ⊕あ + 17° + ⊕い + 23° \\
&= ⊕あ + ⊕い + （③　　　） \\
&= （④　　　）
\end{aligned}
$$

これは，わかっている3つの角の大きさ48°，17°，23°の和と等しい。

💡 **覚えておこう！**

・矢じりの形の角

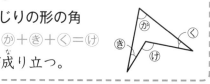

⊕か＋⊕き＋⊕く＝⊕け
が成り立つ。

答え（⑤　　　　度）

(2)

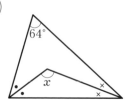

ステップ❶ 大きい三角形の残りの内角の和を求めましょう。

（式）〔⑥　　　　　　　　　　　　　　　　　〕

👆**ステップ❷** ステップ1で求めた角の大きさの半分を求めましょう。

ステップ❶で求めた角の大きさは●2つ分と×2つ分の合計である。

その半分の●1つ分と×1つ分の合計を求める。

（式）〔⑦　　　　　　　　　　　　　　　　　〕

● 1つ分と×1つ分の角度の
合計がわかれば，角 x の大
きさを求められる。

┌─ 👆解法のポイント ─┐
$(2×●＋2××)÷2$
$=●＋×$
└────────────┘

ステップ❸ 小さい三角形に着目して，角 x の大きさを求めましょう。

（式）〔⑧　　　　　　　　　　　　　　　　　〕

答え（⑨　　　　度）

8　｜ 答え ｜ ① う＝あ＋17°　② え＝い＋23°　③ 40°　④ 88°　⑤ 88度
⑥ 180°－64°＝116°　⑦ 116°÷2＝58°　⑧ 180°－58°＝122°　⑨ 122度

1 次の角の大きさを求めなさい。

□(1)　角xの大きさ

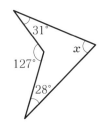

答え（　　　　　度）

□(2)　角xの大きさ

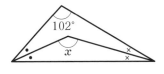

答え（　　　　　度）

□(3)　角xの大きさ

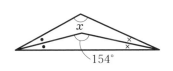

答え（　　　　　度）

□(4)　角⑦の大きさ

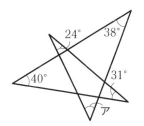

答え（　　　　　度）

□(5)　1組の三角定規を重ねたときの角xの大きさ

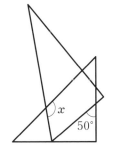

答え（　　　　　度）

UP!!　(6)　角⑦と角④の大きさが同じときの角⑤の大きさ　　　　（函館ラ・サール中）

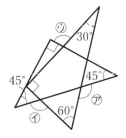

答え（　　　　　度）

2 ▶ 二等辺三角形と正三角形の角

（月　　日）

例題 次の三角形で，角 x の大きさを求めなさい。

(1) 三角形ABCは正三角形である。

(2) AB ＝ AE ＝ DE ＝ CD

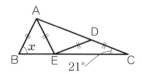

解説 解く手順を確認しましょう。（　　）にはあてはまる数を，〔　　〕には式を書きましょう。

(1)

ステップ❶ 角ACDの大きさを求めましょう。

正三角形の1つの角の大きさは，（①　　　　　）である。

角ACDの大きさは，

(式)〔②　　　　　　　　　　　　　　　　　〕

ステップ❷ 角 x の大きさを求めましょう。

三角形の内角と外角の関係より，角EFCの大きさは，

(式)〔③　　　　　　　　　　　　　　　　　〕

解法のポイント
三角形の内角と外角の関係を利用する。

角EFCと角 x の角の大きさは等しいので，角 x の大きさは

（④　　　　　）である。

答え（⑤　　　　度）

(2)

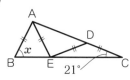

ステップ❶ 角EACの大きさを求めましょう。

DE ＝ DCより，角DECの大きさは，（⑥　　　　　）である。

三角形の内角と外角の関係より，角ADEの大きさは，

(式)〔⑦　　　　　　　　　　　　　　　　〕

また，AE ＝ DEより，角EACの大きさは，（⑧　　　　　）である。

ステップ❷ 角 x の大きさを求めましょう。

三角形の内角と外角の関係より，角AEBの大きさは，

(式)〔⑨　　　　　　　　　　　　　　〕

AB ＝ AEより，角 x の大きさは（⑩　　　　　）である。

答え（⑪　　　　度）

答え ① 60°　② 60° － 47° ＝ 13°　③ 95° － 13° ＝ 82°　④ 82°　⑤ 82度　⑥ 21°　⑦ 21° ＋ 21° ＝ 42°　⑧ 42°　⑨ 21° ＋ 42° ＝ 63°　⑩ 63°　⑪ 63度

1 次の図で，角xの大きさを求めなさい。

□(1)　AC=AE=DE=DB

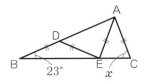

答え（　　　　度）

□(2)　三角形ABCは正三角形である。

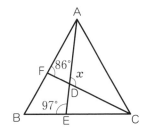

答え（　　　　度）

□(3)　三角形DEFは正三角形である。

（西南学院中）

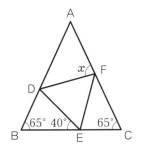

答え（　　　　度）

□(4)　三角形ABCは二等辺三角形，三角形ADCは正三角形である。

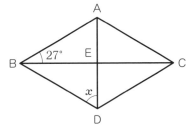

答え（　　　　度）

(5)　四角形ABCDは長方形，三角形EFGは正三角形である。　（愛知中）
□

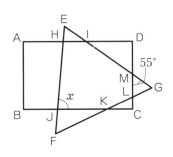

答え（　　　　度）

(6)　AD=BD=CD　　　　（青雲中）
□

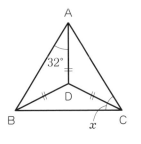

答え（　　　　度）

3 二等辺三角形と円

例題 次の図で，点Oが中心となる円周上に，点A，B，Cをとります。角Aが20°，角Cが45°のとき，角AOCの大きさを求めなさい。

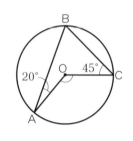

解説 解く手順を確認しましょう。（　）にはあてはまることばや数を，〔　〕には式を書きましょう。

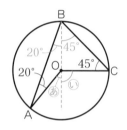

ステップ① 三角形ができるように補助線を引きましょう。

図のように点Oと点Bをつないで，三角形を2つに分ける。

ステップ② 角圏の大きさを求めましょう。

二等辺三角形OBAで，角OBA＝角OABであるから，三角形の内角と外角の関係を使う。

（式）〔①　　　　　　　　　　　　　　　　　　〕

ステップ③ 角いの大きさを求めましょう。

二等辺三角形OCBで，角OBC＝角OCBであるから，三角形の内角と外角の関係を使う。

（式）〔②　　　　　　　　　　　　　　　　　　〕

— **解法のポイント** —

二等辺三角形を見つけて，三角形の外角を求める。

ステップ④ 角圏と角いの大きさをたして，角AOCの大きさを求めましょう。

（式）〔③　　　　　　　　　　　　　　　　　　〕

ステップ⑤ ステップ1からステップ4までで気づいたことをまとめましょう。

角A，角B，角Cの大きさの合計とステップ3で求めた角度は（④　　　　　　　　）である。

答え（⑤　　　　度）

 覚えておこう！

四角形の1つの角の外側の角は，その角ととなり合っていない3つの内角の和に等しい。

圏＋い＋う＝え

| **答え** | ① 20°＋20°＝40° ② 45°＋45°＝90° ③ 40°＋90°＝130° ④ 同じ |
| | ⑤ 130度 |

練習問題

1 次の角の大きさを求めなさい。

☐(1)　角 x の大きさ

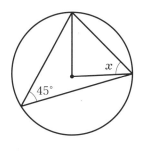

答え（　　　　　　度）

☐(2)　角 x と角 y の大きさ

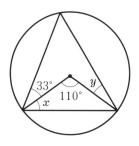

答え（ $x=$　　　度, $y=$　　　度）

☐(3)　角 x の大きさ

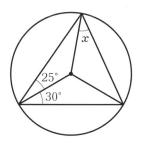

答え（　　　　　　度）

☐(4)　角 x の大きさ

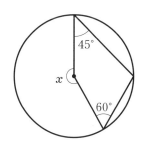

答え（　　　　　　度）

UP!! (5)　角⑦と角①の大きさ　（日本大学第三中）
☐

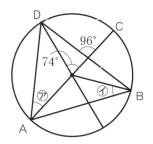

答え（⑦＝　　　度, ①＝　　　度）

UP!! (6)　角 x の大きさ
☐

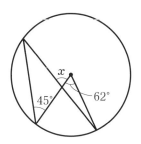

答え（　　　　　　度）

4 平行線と角

 月 日

例題 次の図で，角xの大きさを求めなさい。

(1) 直線ABと直線CDは平行

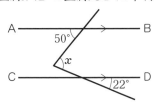

(2) 長方形と正三角形が重なっている

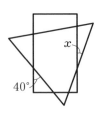

解説 解く手順を確認しましょう。（　）にはあてはまる数を，〔　〕には式を書きましょう。

(1)

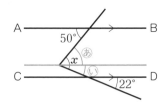

解法のポイント
補助線を引く。

ステップ❶ 角xの頂点を通り，2本の直線に平行な補助線を引きましょう。

図のように補助線を引いて，角xをあといに分ける。

ステップ❷ 角あ，いの大きさを求めましょう。

平行線のさっ角は等しいから，あ＝（①　　　　　）

平行線の同位角は等しいから，い＝（②　　　　　）

ステップ❸ 角xの大きさを求めましょう。

x ＝あ ＋ い
　＝（③　　　　　）

答え（④　　　　　度）

(2)

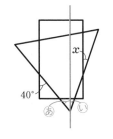

解法のポイント
長方形の縦の辺に平行な補助線を引く。

ステップ❶ 正三角形の角の頂点を通り，長方形のたての辺に平行な補助線を引きましょう。

図のように補助線を引いて，正三角形の1つの内角をあといに分ける。

ステップ❷ 角あ，いの大きさを求めましょう。

平行線のさっ角は等しいから，あ＝（⑤　　　　　）

あといの大きさの合計は，正三角形の内角1つ分なので，
（⑥　　　　　）。

よって，い＝（⑦　　　　　）

ステップ❸ 角xの大きさを求めましょう。

平行線の同位角は等しいから，

x ＝い ＝（⑧　　　　　）

答え（⑨　　　　　度）

14

答え ① 50° ② 22° ③ 72° ④ 72度 ⑤ 40°
⑥ 60° ⑦ 20° ⑧ 20° ⑨ 20度

1 次の角の大きさを求めなさい。

☐(1) 2直線ℓ, mが平行なときの角xの大きさ

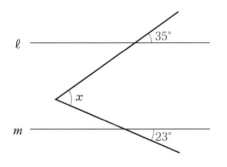

答え（　　　　度）

☐(2) 2直線ℓ, mが平行なときの角x, 角yの大きさ　　　（サレジオ学院中・改）

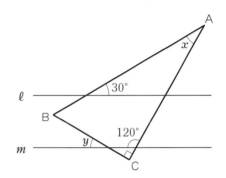

答え（x=　　　度, y=　　　度）

☐(3) 2直線ℓ, mが平行なときの角アの大きさ　　　（芝浦工業大学附属中）

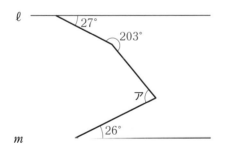

答え（　　　　度）

(4) 2直線が平行なときの角アの大きさ　　　（須磨学園中）

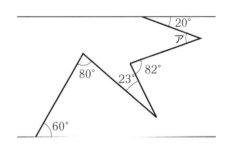

答え（　　　　度）

□(5)　平行四辺形ABCDがあるときの角x
　　　の大きさ

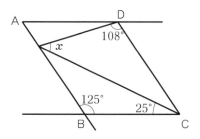

答え（　　　　　度）

□(6)　平行四辺形ABCDがあるときの角x
　　　の大きさ（•は同じ角の大きさを表す）

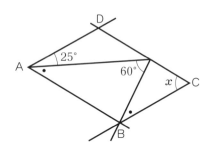

答え（　　　　　度）

□(7)　平行四辺形ABCDがあるときの角x
　　　の大きさ

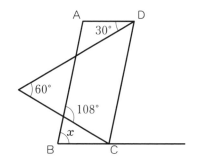

答え（　　　　　度）

□(8)　図のような正方形があるときの
　　　角(あ)の大きさ　　　　　　（桐蔭学園中）

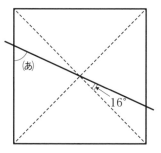

答え（　　　　　度）

解答は別冊4ページ

5 ▶ 折り返した図形の角

月　　日

例題 次の図は長方形を折り返したものである。角 x の大きさを求めなさい。

(1)

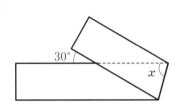

(2)

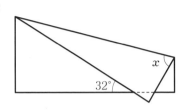

解説 解く手順を確認しましょう。（　　　）にはあてはまる数や記号を，〔　　　〕には式を書きましょう。

(1)

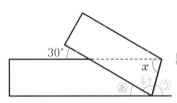

ステップ❶ 長方形の辺を延長して補助線を引きましょう。

図のように補助線を引いて，平行線の同位角やさっ角が見えやすいようにする。

ステップ❷ 角あの大きさを求め，等しい大きさの角を考えましょう。

平行線の同位角は等しいので，あ＝（① 　　　　　度）

折り返した角は等しいので，い＝（② 　　　　　）

また，平行線のさっ角は等しいので，x ＝（③ 　　　　　）

━解法のポイント━
折り返した角の
大きさは等しい。

ステップ❸ 角 x の大きさを求めましょう。

角あ，い，うは一直線上にあるので，

う　＝　(180° ー あ) ÷ 2

　　＝　（④ 　　　　　） ÷ 2

　　＝　（⑤ 　　　　　）

x ＝ うより，x ＝（⑥ 　　　　　）

答え（⑦ 　　　　　度）

(2)

ステップ❶ 平行線のさっ角を利用して角いを求めましょう。

い　＝　（⑧ 　　　　　度）

ステップ❷ 折り返した角を利用して角あを求めましょう。

(式)〔⑨ 　　　　　　　　　　　　　　〕

ステップ❸ 折り返してできた三角形に着目して，角 x の大きさを求めましょう。

(式)〔⑩ 　　　　　　　　　　　　　　〕

答え（⑪ 　　　　　度）

答え ① 30度　② う　③ う　④ 150°　⑤ 75°　⑥ 75°　⑦ 75度　⑧ 32度　⑨ 32÷2＝16°　⑩ 180°−(16°＋90°)＝74°　⑪ 74度

練習問題

1 次の角の大きさを求めなさい。

□(1) 長方形ABCDを折り返したときの
角x，角yの大きさ　　　　（三重中）

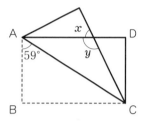

答え（ $x=$ 　　度，$y=$ 　　度）

□(2) 長方形を折り返したときの角xの大きさ

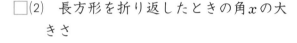
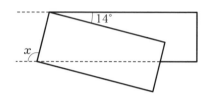

答え（　　　度）

□(3) 正方形を折り返したときの角⑤の大きさ　　　　（昭和学院秀英中）

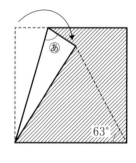

答え（　　　度）

□(4) 正三角形を折り返したときの角⑤の大きさ　　　　（日本女子大学附属中）

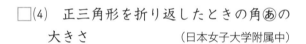
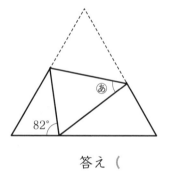

答え（　　　度）

□(5) 角B＝角Cの二等辺三角形を折り返したときの角xの大きさ

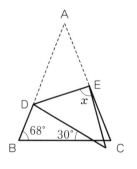

答え（　　　度）

□(6) 直角三角形を折り返したときの角xの大きさ

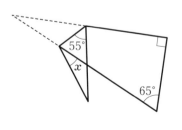

答え（　　　度）

□(7) おうぎ形を折り返し，OがCに重なったなったときの角アの大きさ

（日出学園中）

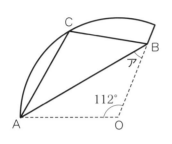

答え（　　　　度）

□(8) おうぎ形を折り返し，OがPに重なったなったときの角xの大きさ

答え（　　　　度）

□(9) おうぎ形を折り返し，OがDに重なったなったときの角アの大きさ　　（城北中）

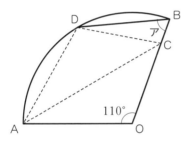

答え（　　　　度）

□(10) おうぎ形を折り返し，OがCに重なったなったときの角アの大きさ　　（清教学園中）

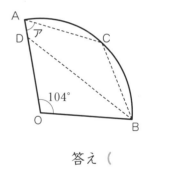

答え（　　　　度）

(11) おうぎ形をOがPに重なるように折り返したあと，さらにPがQの位置にくるように折り返したときの角xの大きさ

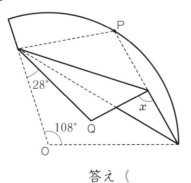

答え（　　　　度）

(12) 半円をPがOに重なるように折り返し，角AODが**79°**のときの角xの大きさ

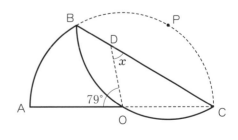

答え（　　　　度）

6 ▶ 多角形の内角と外角

例題

次の角の大きさを求めなさい。

(1) 図のしるしをつけた角の大きさの合計

(2) 正十二角形のひとつの内角の大きさ

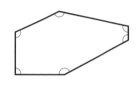

解説 解く手順を確認しましょう。( )にはあてはまる数を,〔 〕には式を書きましょう。

(1)

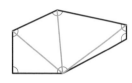

🖐 **ステップ①** 補助線を引いて,三角形に分けましょう。

図のように補助線を引いて六角形を三角形に分けると,しるしをつけた角,すなわち六角形の内角の合計は,三角形(① 個)分の内角の和の合計であることがわかる。

──🖐 **解法のポイント**──
補助線を引いて,三角形に分ける。

🔍**(A)** **ステップ②** しるしをつけた角の合計を求めましょう。

(式)〔②   〕

答え (③   度)

🔍**(A)** **ステップ③** 多角形の内角の和の求め方について,まとめましょう。

💡 **覚えておこう!**

(A)多角形の内角の和
n 角形の内角の和は,
$180° \times (n-2)$
で求められる。

n 角形に対角線を引いて三角形に分けると,三角形は(④   )個できる。

よって,n 角形の内角の和は三角形(⑤   )個分の内角の和の合計であることがわかる。

したがって,n 角形の内角の和は,

(式)〔⑥   〕で求められる。

(2)🔍**(A)** **ステップ①** 十二角形の内角の和を求めましょう。

(式)〔⑦   〕

🔍**(B)** **ステップ②** ひとつの内角の大きさを求めましょう。

(式)〔⑧   〕

答え (⑨   度)

💡 **覚えておこう!**

(B)正 n 角形のひとつの内角
内角の和を頂点の数でわって
$180° \times (n-2) \div n$
または,外角の和を利用して
$180° - 360° \div n$ で求められる。

🔍**(B)** **ステップ③** 外角の和を利用して,ひとつの内角の大きさを求めましょう。

正多角形のひとつの内角の大きさは,次の方法でも求められる。

答え ① 4個 ② $180° \times 4 = 720°$ ③ 720度 ④ $n-2$ ⑤ $n-2$ ⑥ $180° \times (n-2)$
⑦ $180° \times (12-2) = 1800°$ ⑧ $1800° \div 12 = 150°$ ⑨ 150度 ⑩ 360度
⑪ $360° \div 12 = 30°$ ⑫ 30度 ⑬ $180° - 30° = 150°$ ⑭ 150度 ⑮ 150度

多角形の外角の和は，頂点の数がいくつのときでも（⑩　　　　度）になるので，
正十二角形においてひとつの外角の大きさは，

（式）〔⑪　　　　　　　　　　　　　　　　〕より，（⑫　　　　度）になる。

ひとつの内角の大きさは，

（式）〔⑬　　　　　　　　　　　　　　　　〕より，（⑭　　　　度）になる。

答え（⑮　　　　度）

練習問題

1 次の角の大きさを求めなさい。

□(1)　五角形ABCDEが正五角形のときの
　　　角アの大きさ　　　　　（桃山学院中）

□(2)　正五角形ABCDEと正三角形AEF
　　　を組み合わせたときの角⑧の大きさ

（帝塚山学院泉ヶ丘中）

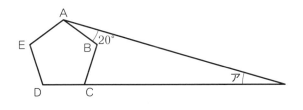

答え（　　　　度）

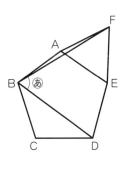

答え（　　　　度）

□(3)　しるしをつけた角の大きさの合計

□(4)　正五角形ABCDEと正三角形AFG，
　　　DHIを組み合わせたときの角AJDの
　　　大きさ　　　　　（豊島岡女子学園中）

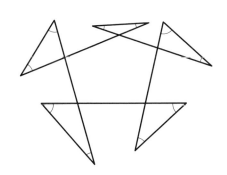

答え（　　　　度）

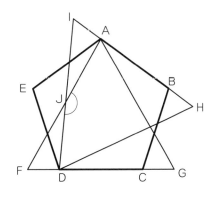

答え（　　　　度）

7 ▶ 2つの円と角

例題

右の図で，半径が等しい2つの円が交わっているとき，角 x の大きさを求めなさい。

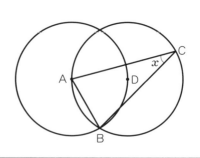

解説 解く手順を確認しましょう。（　　）にはあてはまることばや数を，〔　　〕には式を書きましょう。

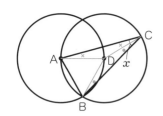

ステップ❶ 円の半径から補助線を引きましょう。

図のように補助線を引いて，三角形を3つに分ける。

円の半径は等しいので，DA＝DC，DB＝DCであるから，三角形DCA，三角形DBCは（①　　　　　　　　　）であることがわかる。

また，三角形ABDは（②　　　　　　　　　）であることがわかる。

解法のポイント

円の半径にそって補助線を引き，二等辺三角形や正三角形をみつける。

ステップ❷ 等しい大きさの角を記号で表し，三角形ABCの内角の和を考えましょう。

三角形DCAにおいて，**ステップ❶** より，角DAC＝角DCA。この大きさを✖とする。

三角形DBCにおいて，同様に，角DBC＝角DCB。この大きさを●とする。

また，角DABと角DBAの大きさは等しく，（③　　　　度）である。

ここで，三角形ABCの内角の和を考えると，

✖✖ ＋ ●● ＋（④　　　　　　　）＝180°

ステップ❸ 角 x の大きさが✖1つ分と●1つ分の合計であることを考えて，角 x の大きさを求めましょう。

ステップ❷ より，✖2つ分と●2つ分の合計を求めると，

（式）〔⑤　　　　　　　　　　　　　　　　　　　　　　〕

角 x の大きさは✖1つ分と●1つ分の合計であるから，角 x の大きさを求めると，

（式）〔⑥　　　　　　　　　　　　　　　　　　　　　　〕

答え（⑦　　　　　度）

答え │ ① 二等辺三角形　② 正三角形　③ 60度　④ 120°　⑤ 180°－120°＝60°
⑥ 60°÷2＝30°　⑦ 30度

1 次の角の大きさを求めなさい。

□(1) 角あの大きさ　　　　　　　（帝塚山中）

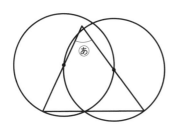

答え（　　　　度）

□(2) 正方形とおうぎ形を組み合わせたときの角あの大きさ　　　　　（暁中）

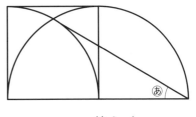

答え（　　　　度）

□(3) 正方形と四分円を組み合わせたときの角あの大きさ　（日本女子大学附属中）

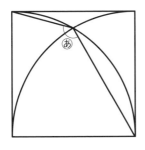

答え（　　　　度）

□(4) AB＝ACで，点Bを中心とする円と点Dを中心とする円が組み合わさっているときの角ア，イ，ウの大きさ

（成田高等学校付属中）

答え（ア＝　　度，イ＝　　度，ウ＝　　度）

□(5) 角アの大きさ　　　　　　（須磨学園中）

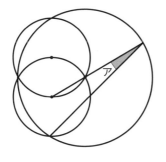

答え（　　　　度）

UP!!(6) 角⑦の大きさ

□

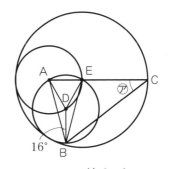

答え（　　　　度）

1~7 まとめ問題

8～23ページ
解答は別冊9ページ

（月　日）

1 次の角の大きさを求めなさい。

□(1) 角⑤の大きさ　　（日本女子大学附属中）

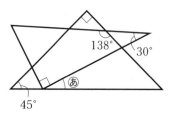

答え（　　　　　度）

□(2) ○で示した角の大きさ　　（帝塚山中）

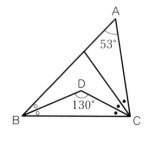

答え（　　　　　度）

□(3) 正方形，正三角形，直角二等辺三角形を組み合わせたときの角アの大きさ

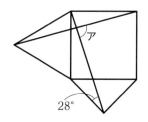

答え（　　　　　度）

□(4) 角アの大きさ

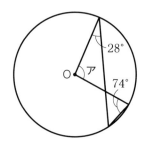

答え（　　　　　度）

□(5) 長方形の中に折れ線をかいたときの角⑤の大きさ　　（桐蔭学園中）

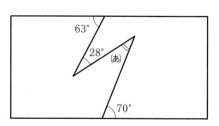

答え（　　　　　度）

2 次の角の大きさを求めなさい。

□(1)　長方形ABCDを頂点Bが辺AD上にくるように折ったときの角xの大きさ　　　　　　（鎌倉学園中）

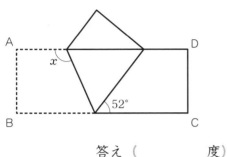

答え（　　　　　度）

□(2)　正三角形を折り曲げたときの角㋐の大きさ　　　　　　（甲南女子中）

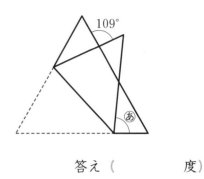

答え（　　　　　度）

□(3)　五角形ABCDEが正五角形，三角形CDFが正三角形のとき角㋐，㋑の大きさ　　　　　　（高知学芸中）

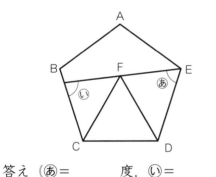

答え（㋐＝　　　度，㋑＝　　　度）

□(4)　角㋐，㋑，㋒，㋓，㋔，㋕，㋖の角度の和　　　　　　（樟蔭中）

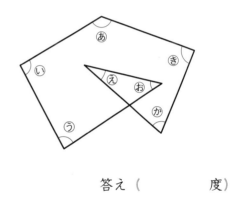

答え（　　　　　度）

□(5)　点Aが中心で辺ABを半径とする四分円と，点Bを中心とする同じ半径の四分円を重ねたとき角アの大きさ　　　　　　（城北中・改）

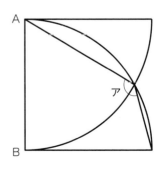

答え（　　　　　度）

8 おうぎ形の面積・弧の長さ

（月　　日）

例題 次の図のしゃ線部分の面積を求めなさい。ただし，円周率は3.14とする。

(1)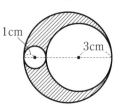

1cm　3cm

(2)

8cm
4cm

解説 解く手順を確認しましょう。（　　）にはあてはまる数を，〔　　〕には式を書きましょう。

(1) **ステップ①** 求める図形について考えましょう。

半径1cmの円と半径3cmの円の外側にある円の半径は（①　　　　cm）である。

この円の面積から，内部の2つの円の面積をひいたものが求める面積である。

ステップ② 計算して面積を求めましょう。

（式）〔②　　　　　　　　　　　　　　　　　　　　　〕(cm²)

答え （③　　　　　　cm²）

┌ 解法のポイント ┐
大きな円の
半径を考える。
└─────────┘

(2) **ステップ①** 求める図形について考えましょう。

この図において大きな円の半径は（④　　　　　　cm）である。求める面積は，半径が

（⑤　　　　　cm）の半円の面積に，半径（⑥　　　　　　cm）の半円の面積から

半径（⑦　　　　　cm）の半円の面積をひいたものを，たしたものになる。

ステップ② 計算して面積を求めましょう。

（式）〔⑧　　　　　　　　　　　　　　　　　　　　　〕(cm²)

答え （⑨　　　　　　cm²）

 覚えておこう！

・円の面積

　円の面積＝半径×半径×3.14

・おうぎ形の面積

　おうぎ形の面積＝円の面積×$\dfrac{中心角}{360°}$

が成り立つ。

中心角
半径　O

答え ① 4cm　② $4×4×3.14－3×3×3.14－1×1×3.14＝18.84$　③ 18.84cm²　④ 6cm
⑤ 2cm　⑥ 6cm　⑦ 4cm　⑧ $2×2×3.14×\dfrac{1}{2}＋(6×6×3.14×\dfrac{1}{2}－4×4×3.14×\dfrac{1}{2})$
$＝37.68$　⑨ 37.68cm²

例題

図のように，半径3cmの円をすきまなくならべ，円のまわりにひもをぴんと張った状態で巻きつけた。このときのひもの長さを求めなさい。ただし，円周率は3.14とする。

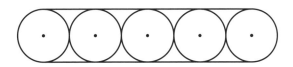

解説 解く手順を確認しましょう。（　）にはあてはまる数を，〔　〕には式を書きましょう。

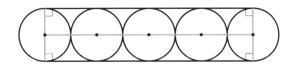

ステップ❶ 求める長さについて考えましょう。

ひもをぴんと張ったとき，ひもは両はしの半円の円周の部分にそって張られ，それ以外の部分は，上の図のように中心を結んだ直線と平行になる。

よって，求める長さは半円の円周と，いちばん左の円の中心といちばん右の円の中心を結んだ直線の長さを，それぞれ（①　　　　）倍してたしたものになる。

いちばん左の円の中心といちばん右の円の中心を結んだ直線の長さは，円の半径を（②　　　　）倍したものになる。

ステップ❷ 計算してひもの長さを求めましょう。

（式）〔③　　　　　　　　　　　　　　　　　　　　　　　〕(cm)

答え（④　　　　　　cm）

解法のポイント

いくつかの円のまわりにひもを巻きつけるとき，ひもの直線部分は，円と円の中心を結んだ線に平行になる。

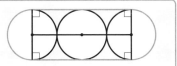

覚えておこう！

・円周の長さ
　円周の長さ＝半径×2×3.14
　が成り立つ。

・おうぎ形の弧の長さ
　おうぎ形の弧の長さ
　＝円周の長さ×$\frac{\text{中心角}}{360°}$
　が成り立つ。

答え | ① 2　② 8　③ $3×2×3.14×\frac{1}{2}×2+3×8×2=66.84$　④ 66.84cm

練習問題

1 (1), (3), (5)はしゃ線部分の面積を, (2), (4), (6)は図形のまわりにぴんと張ったひもの長さを求めなさい。ただし, 円周率は3.14とする。

☐(1)

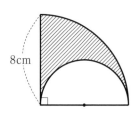

8cm

答え（　　　　　cm²）

☐(2)　円の半径はすべて4cm

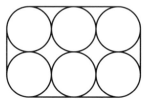

答え（　　　　　cm）

☐(3)　（暁中）

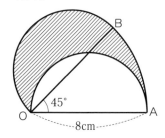

B

45°

O　　　8cm　　　A

答え（　　　　　cm²）

☐(4)　円の半径はすべて5cm　（清真学園中）

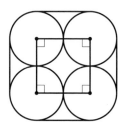

答え（　　　　　cm）

☐(5)　（淑徳巣鴨中）

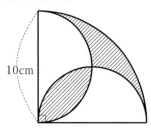

10cm

答え（　　　　　cm²）

UP!! (6)　円の半径はすべて1cm　（清風中）
☐

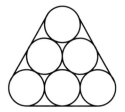

答え（　　　　　cm）

9 円と正方形

例題 次の図で，しゃ線部分の面積を求めなさい。ただし，円周率は3.14とする。

(1)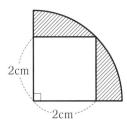

2cm
2cm

(2)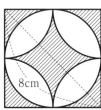

8cm

解説 解く手順を確認しましょう。（　　）にはあてはまる数を，〔　　〕には式を書きましょう。

(1)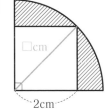

□cm
2cm

ステップ❶ 正方形の面積を求めましょう。

（式）〔①　　　　　　　　　　　　　　　　　〕(cm²)

ステップ❷ おうぎ形の半径を□cmとして，おうぎ形と正方形の面積を求める式を，□を使って表しましょう。

おうぎ形の面積（式）〔②　　　　　　　　　　〕(cm²)

正方形の面積　（式）〔③　　　　　　　　　　〕(cm²)

🔑解法のポイント
外側の円の半径を□cmとおく。

ステップ❸ 正方形の面積を求める式を利用して，おうぎ形の面積を求めましょう。

①＝③であることから，□×□の値を求めることができる。

①＝③より，□×□＝（④　　　　　　　　）

④を②の式にあてはめて，おうぎ形の面積を求める。

（式）〔⑤　　　　　　　　　　　　　　　　　〕(cm²)

💡覚えておこう！
内側に正方形がくっついている円の半径がわからないとき
円の半径を□cmとおき，□×□を利用して解く。

ステップ❹ おうぎ形の面積から正方形の面積をひいて，しゃ線部分の面積を求めましょう。

（式）〔⑥　　　　　　　　　　　　　　　　　　　〕(cm²)

答え（⑦　　　　　　　　cm²

(2)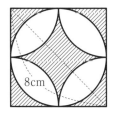

8cm

ステップ❶ 正方形の面積を求めましょう。

正方形の面積は，対角線×対角線÷2で求められる。

（式）〔⑧　　　　　　　　　　　　　　　　　〕(cm²)

ステップ❷ 円の半径を□cmとして，円の面積，正方形の面積を求める式を□を使って表しましょう。

両方とも式の中に「□×□」が入る。

円の面積（式）〔⑨　　　　　　　　　　　　〕(cm²)

正方形の面積（式）〔⑩　　　　　　　　　　〕(cm²)

🔑解法のポイント
正方形の面積は1辺が□cmの正方形4つ分

答え ① 2×2＝4　② □×□×3.14×$\frac{90°}{360°}$　③ □×□÷2　④ 8　⑤ 8×3.14×$\frac{90°}{360°}$＝6.28　⑥ 6.28−4＝2.28　⑦ 2.28cm²　⑧ 8×8÷2＝32　⑨ □×□×3.14　⑩ □×□×4　⑪ 32÷4＝8　⑫ 8×3.14＝25.12　⑬ 32−25.12＝6.88　⑭ 6.88×2＝13.76　⑮ 13.76cm²

⚙ ステップ❸ □×□の値を求め，それを使って円の面積を求めましょう。

正方形の面積は⑧でわかっているので，それを利用して□×□の値を求める。

□×□＝〔⑪   〕

円の面積〔⑫   〕(cm²)

ステップ❹ ◤ 8つ分の面積を求めましょう。

（正方形の面積）−（円の面積）で求められるのは，◤ 4つ分の面積である。その面積は，

(式)〔⑬   〕(cm²)

よって，◤ 8つ分の面積は，

(式)〔⑭   〕(cm²)

答え ⑮   cm²

練習問題

1 次の問いに答えなさい。ただし，円周率は3.14とする。

□(1)　下の図は，一辺の長さが6cmの正方形があり，この正方形の4つの頂点を通る円を
　　かいたものである。しゃ線部分の面積を求めなさい。　　　　　　　　（江戸川学園取手中）

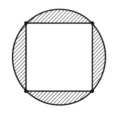

答え（   cm²）

□(2)　下の図のように，面積が24cm²の正方形の中に円がぴったりと入っている。この円
　　の面積を求めなさい。

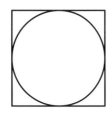

答え（   cm²）

□(3)　下の図は，大きい正方形の中に円がぴったりと入り，さらにその中にぴったりと小さ
　　い正方形が入っている図を半分に切ったものである。しゃ線部分の面積を求めなさい。

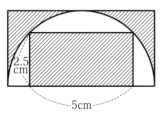

2.5
cm

5cm

答え（   cm²）

□(4) 直径10cmの円周上に点A，B，C，Dがあり，四角形ABCDは正方形である。下の図はこの正方形からはみ出た円の部分を内側に折り返した状態を表している。このとき，図のしゃ線部分の面積を求めなさい。 （東邦大学付属東邦中）

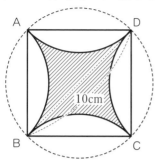

答え（　　　　　cm²）

□(5) 正方形ABCDの面積が16cm²のとき，正方形EFGHの面積を求めなさい。 （岡山白陵中）

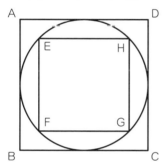

答え（　　　　　cm²）

(6) 正方形ABCDがある。図のように，ABを直径とする半円と点Bを中心とする円の一部と対角線BDの中点が1点Oで交わっている。BDの長さが20cmのとき，正方形ABCDの面積は（①）cm²で，しゃ線部分の面積は（②）cm²である。 （愛光中）

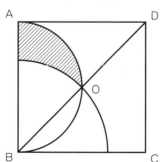

答え（①＝　　　　　cm²，　②＝　　　　　cm²）

10 ▶ 三角形と四角形（しゃ線部分の面積）

月 日

例題 次の図のしゃ線部分の面積を求めなさい。(1)の四角形ABCDは長方形である。

(1)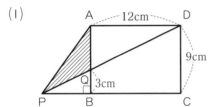

(2)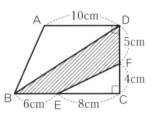

解説 解く手順を確認しましょう。（　）にはあてはまる数を、〔　〕には式を書きましょう。

(1)

A 12cm D

9cm

P B Q 3cm C

🔍 **ステップ❶** 大きい三角形（三角形APD）の面積を求めましょう。

(式)〔①　　　　　　　　　　　　　　　　　　　〕(cm²)

🔍 **ステップ❷** 小さい三角形（三角形AQD）の面積を求めましょう。

(式)〔②　　　　　　　　　　　　　　　　　　　〕(cm²)

ステップ❸ しゃ線部分（三角形APQ）の面積を求めましょう。

(式)〔③　　　　　　　　　　　　　　　　　　　〕(cm²)

答え（④　　　　　cm²）

(2)

A 10cm D

5cm

F

4cm

B 6cm E 8cm C

ステップ❶ 全体の台形の面積を求めましょう。

(式)〔⑤　　　　　　　　　　　　　　　　　　　〕(cm²)

🔍 **ステップ❷** しゃ線部分以外の面積を求めましょう。

三角形ABDの面積は、

(式)〔⑥　　　　　　　　　　　　　　　　　　　〕(cm²)

三角形FECの面積は、

(式)〔⑦　　　　　　　　　　　　　　　　　　　〕(cm²)

ステップ❸ しゃ線部分の面積を求めましょう。

(式)〔⑧　　　　　　　　　　　　　　　　　　　〕(cm²)

答え（⑨　　　　　cm²）

💡 **覚えておこう！**

・しゃ線部分の面積を直接求められないときは、全体の面積からしゃ線部分以外の面積をひいて求めることができる。

答え ① 12×9÷2＝54　　② 12×(9−3)÷2＝36　　③ 54−36＝18　　④ 18cm²
⑤ {10+(6+8)}×9÷2＝108　　⑥ 10×(5+4)÷2＝45　　⑦ 8×4÷2＝16
⑧ 108−45−16＝47　　⑨ 47cm²

練習問題

1 次の図のしゃ線部分の面積を求めなさい。

□(1)

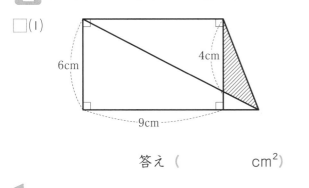

答え（　　　　cm²）

□(2)

答え（　　　　cm²）

UP!! (3) 高さ14cmの台形ABCD, 三角形ABE
□ の面積は48cm²

（日本女子大学附属中）

UP!! (4) 三角形ABCと三角形ADEはそれぞ
□ れ一辺の長さが16cm, 10cmの直角
二等辺三角形　　（関西大第一中・改）

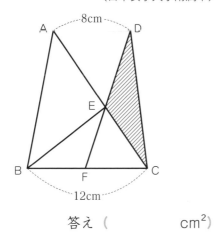

答え（　　　　cm²）

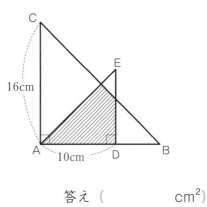

答え（　　　　cm²）

2 ある公園の土地は図1のような形で，しゃ線部分の花だんの面積は(1)m²である。この
花だんを，面積を変えずに図2のような平行四辺形にする。辺ABの長さは(2)mであ
る。
（女子学院中）

□(1)　図1

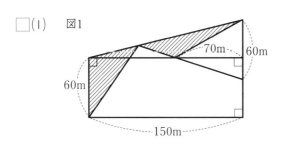

答え（　　　　m²）

□(2)　図2

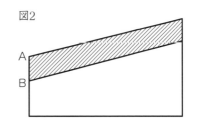

答え（　　　　m）

3 次の図のしゃ線部分の面積を求めなさい。

□(1)

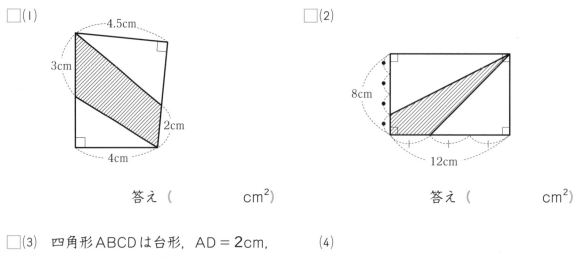

答え (cm²)

□(2)

答え (cm²)

□(3)　四角形ABCDは台形，AD＝2cm，
　　BD＝4cm，BC＝8cm　（京都女子中）

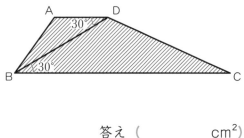

答え (cm²)

(4)

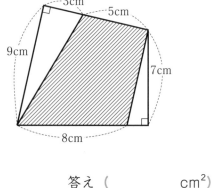

答え (cm²)

4 下の図で，平行四辺形ABCDの面積は27cm²である。点Eは辺ABを1：1，点Fは
辺ADを1：1に分ける点である。点GはEDとBFの交点である。下の問いに答えなさ
い。
（同志社中）

□(1)　三角形AEDの面積が何cm²か求めなさい。

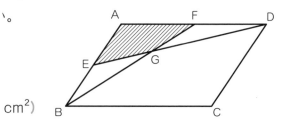

答え (cm²)

□(2)　四角形AEGF（しゃ線部分）の面積が何cm²か求めなさい。

答え (cm²)

11 ▷ 三角形と四角形（等積変形）

月　　日

例題　次の図のぬりつぶした部分の面積を求めなさい。四角形ABCDは長方形である。

(1)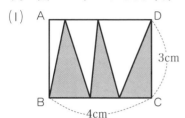

(2)

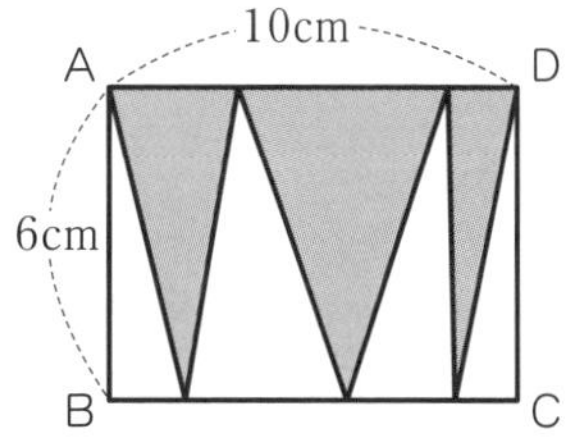

解説　解く手順を確認しましょう。（　　）にはあてはまる数を，〔　　〕には式を書きましょう。

(1)

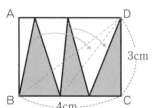

🔍 ■ステップ❶ 2つの三角形を等積変形しましょう。

図のように三角形を等積変形する。

■ステップ❷ かげのついた部分の三角形の面積の和を求めましょう。

（式）〔① 　　　　　　　　　　　　　　　　　　　〕(cm²)

答え（② 　　　 cm²)

(2)

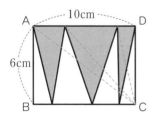

🔍 ■ステップ❶ 3つの三角形を等積変形しましょう。

図のように三角形を等積変形する。

■ステップ❷ かげのついた部分の三角形の面積の和を求めましょう。

（式）〔③ 　　　　　　　　　　　　　　　　　　　〕(cm²)

答え（④ 　　　 cm²)

　覚えておこう！

・図形の中に平行線がある場合は，等積変形を考える。
　異なる形に変形してみると，簡単に面積を求められることがある。
・三角形の等積変形は，高さと底辺の長さがそれぞれ等しいかどうか注意する。

答え │ ① 4×3÷2＝6 　② 6cm² 　③ 10×6÷2＝30 　④ 30cm²

35

練習問題

1 次の図のぬりつぶした部分の面積を求めなさい。

□(1)

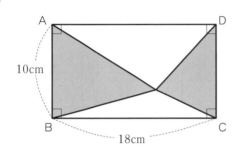

□(2)

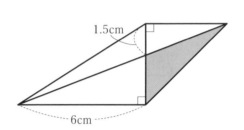

答え（　　　　　cm²）

答え（　　　　　cm²）

(3)　四角形ABCDは長方形

（日本大学豊山中）

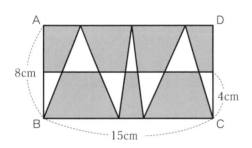

□(4)　四角形ABCDは長方形

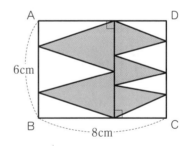

答え（　　　　　cm²）

答え（　　　　　cm²）

2 次の図のぬりつぶした部分の面積を求めなさい。

□(1) 正六角形ABCDEFの面積が120cm²

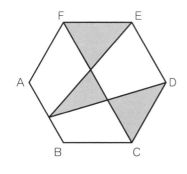

答え（　　　　　cm²）

□(2) 正六角形の面積が48cm²
点Gは2つの辺AFと辺DEをのばした
先の交点

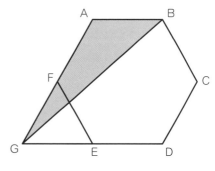

答え（　　　　　cm²）

3 右の図は，半径が10cmの円で， • は円周の長さを8等分する点を円周上にとったものである。ぬりつぶした部分の面積を求めなさい。ただし，円周率は3.14とする。　　　　　　（茗渓学園中）

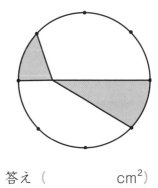

答え（　　　　　cm²）

4 右の図のように，一辺2cmの正方形が4つ並んでいる。ぬりつぶした部分の面積を求めなさい。　　　　　　（愛知中）

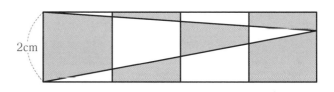

2cm

答え（　　　　　cm²）

12 組み合わせた図形の面積・周の長さ

（月　　日）

例題 次の図のぬりつぶした部分の面積と周の長さを求めなさい。ただし，円周率は3.14とする。

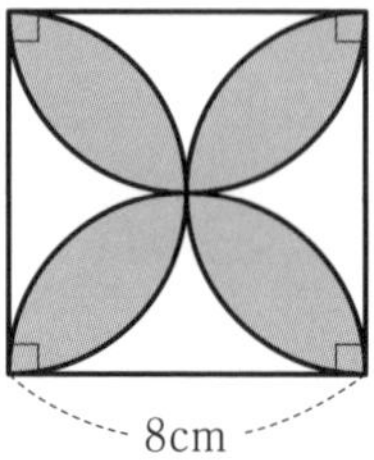

8cm

解説 解く手順を確認しましょう。（　　）にはあてはまる数を，〔　　〕には式を書きましょう。

面積： **ステップ❶** 補助線を引きましょう。

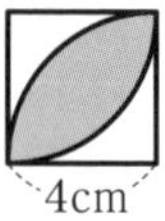

ぬりつぶした部分の面積は，右の図のぬりつぶした部分の面積の（①　　　）つ分になる。

4cm

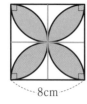
8cm

ステップ❷ 右上の図のぬりつぶした部分の面積を求めましょう。

右上の図のぬりつぶした部分の面積は，おうぎ形（②　　　）つ分の面積をたしたものから，正方形の面積をひいたものである。

解法のポイント
補助線を引く。

（式）〔③　　　　　　　　　　　　　　　　　　　　　　　〕（cm²）

ステップ❸ ぬりつぶした部分全体の面積を求めましょう。

（式）〔④　　　　　　　　　　　　　　　　　　　　　　　〕（cm²）

答え（⑤　　　　　　　cm²）

周の長さ： **ステップ❶** 図に注目しましょう。

ぬりつぶした部分の周の長さは，半径（⑥　　　　　）cmの半円（⑦　　　　　）つ分の弧の長さになる。

ステップ❷ ぬりつぶした部分全体の周の長さを求めましょう。

（式）〔⑧　　　　　　　　　　　　　　　　　　　　　　　〕（cm）

答え（⑨　　　　　　　cm）

💡 **覚えておこう！**

・おうぎ形の面積・弧の長さの公式

$$面積＝半径×半径×3.14×\frac{中心角}{360°}$$

$$弧の長さ＝半径×2×3.14×\frac{中心角}{360°}$$

 答え ① 4　② 2　③ $4×4×3.14×\frac{90°}{360°}×2－4×4＝9.12$　④ $9.12×4＝36.48$
⑤ 36.48cm²　⑥ 4　⑦ 4　⑧ $4×2×3.14×\frac{180°}{360°}×4＝50.24$　⑨ 50.24cm

1 次の面積や長さを求めなさい。ただし，円周率は**3.14**とする。

□(1) ㋐と㋑の部分の面積が等しいときの辺ＢＣの長さ

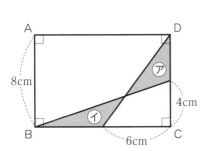

□(2) ㋐と㋑の部分の面積が等しいときの辺ＣＢの長さ

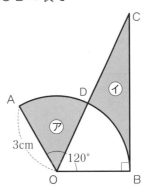

答え (　　　　　cm)

答え (　　　　　cm)

□(3) ㋐と㋑の部分の面積の差

（浦和明の星女子中）

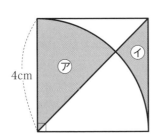

UP!! □(4) ㋐と㋑の部分の面積の差

（高知学芸中）

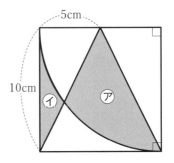

答え (　　　　　cm²)

答え (　　　　　cm²)

2 次の面積や長さを求めなさい。ただし，円周率は3.14とする。

□(1)　図形全体の面積　　　　　　（羽衣学園中）

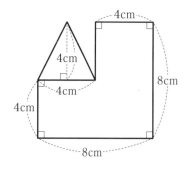

答え（　　　　　cm²）

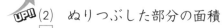 (2)　ぬりつぶした部分の面積

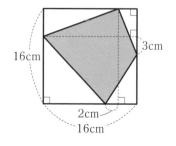

答え（　　　　　cm²）

□(3)　ぬりつぶした部分の面積　　（三重中）

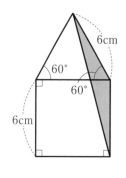

答え（　　　　　cm²）

□(4)　4つの直角三角形が同じ大きさのとき ぬりつぶした部分の面積

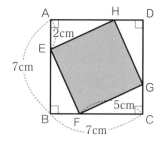

答え（　　　　　cm²）

(5)　図形全体の面積
□　ただし，図の四角形はすべて正方形
（常総学院中）

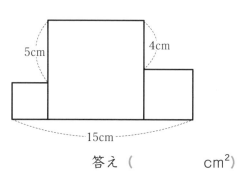

答え（　　　　　cm²）

□(6)　太いわくで囲まれた部分の面積が714cm²のときの㋐の長さ
ただし，四角形は長方形とする。
（日本女子大学附属中）

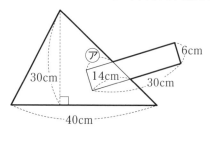

答え（　　　　　cm）

解答は別冊16ページ

例題
次の図のぬりつぶした部分の面積を求めなさい。ただし，(2)の正六角形の面積は
36cm² とする。

(1)
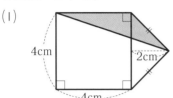

(2)

解説
解く手順を確認しましょう。（　　）にはあてはまる数を，〔　　〕には式を書き
ましょう。

(1)
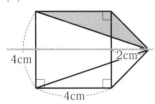

▸解法のポイント
補助線を引く。

💡 **覚えておこう！**
・対称な2つの図形は
面積も等しい。

■ **ステップ❶** 正方形と三角形の面積の和を求めましょう。
（式）〔①　　　　　　　　　　　　　　　　　〕(cm²)

■ **ステップ❷** 図形の対称性に注目しましょう。
補助線を引くと，この図形は線対称であることがわかる。

■ **ステップ❸** 全体から中央の三角形の面積をひきましょう。
中央の三角形は，底辺が4cm，高さは（②　　　　　）cmであ
る。この三角形の面積は，
（式）〔③　　　　　　　　　　　　　　　　　〕(cm²)

求める面積は，全体の面積から中央の三角形の面積をひき，2
でわったものになる。
（式）〔④　　　　　　　　　　　　　　　　　〕(cm²)

答え（⑤　　　　　cm²）

(2)

🔍 ■ **ステップ❶** 補助線を引きましょう。
ぬりつぶした部分の面積を4つに分ける。左の図において，
㋐＝㋑＝（⑥　　　　　）＝（⑦　　　　　）がわかる。
㋐は正六角形の（⑧　　　　　）分の1，㋑は小さな正三角形2
つ分の半分，つまり正六角形の（⑨　　　　　）分の1の面積と
なり，同じである。

■ **ステップ❷** ぬりつぶした部分の面積を求めましょう。
4つの三角形の面積を合計する。
（式）〔⑩　　　　　　　　　　　　　　　　　〕(cm²)

答え（⑪　　　　　cm²）

練習問題

1 次の図形の面積や長さを求めなさい。ただし，円周率は3.14とする。

□(1) 正六角形の面積が48cm²のときのぬ　　□(2) ぬりつぶした部分の面積
　　りつぶした部分の面積

(常総学院中)

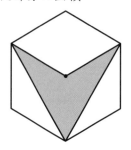

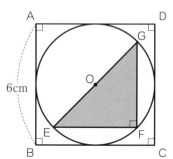

答え（　　　　　　cm²）　　　　　　　　答え（　　　　　　cm²）

□(3) 図形全体の面積　　（甲南女子中）　　(4) ぬりつぶした部分の面積が48cm²の
　　　　　　　　　　　　　　　　　　　　□　ときの⦿の長さ　　（東北学院中）

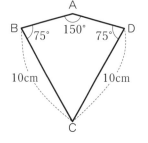

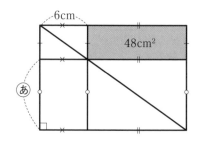

答え（　　　　　　cm²）　　　　　　　　答え（　　　　　　cm）

1 (1), (2)については図の太線の長さ, (3), (4)についてはぬりつぶした部分の面積を求めなさい。ただし, 円周率は3.14とする。

□(1)　点A, B, Cは半径4cmの円の中心で直線ABは2cm　（フェリス女学院中）

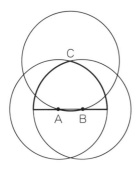

答え（　　　　　cm）

□(2)　すべての円の半径は2cm　（暁中）

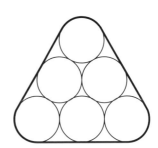

答え（　　　　　cm）

□(3)　（和歌山信愛中）

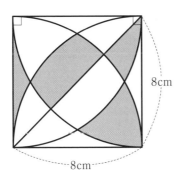

8cm

8cm

答え（　　　　　cm²）

□(4)　正方形の一辺は4cm

（帝塚山学院泉ヶ丘中）

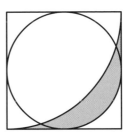

答え（　　　　　cm²）

2 次の図のぬりつぶした部分の面積を求めなさい。

☐(1)

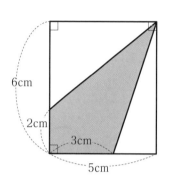

答え（　　　　　cm²）

☐(2) （関西学院中）

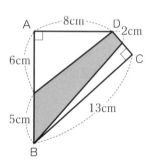

答え（　　　　　cm²）

☐(3)

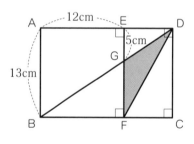

答え（　　　　　cm²）

☐(4)

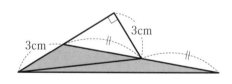

答え（　　　　　cm²）

③ 次の図のぬりつぶした部分の面積を求めなさい。ただし，(1)は半円と正三角形の重なりを表し，(3)，(4)における正六角形の面積は24cm²とする。円周率は3.14とする。

□(1)　（北鎌倉女子学園中）

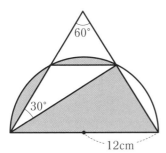

答え（　　　　cm²）

□(2)　（茨城中　一般後期・改）

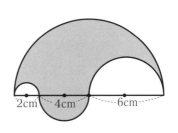

答え（　　　　cm²）

□(3)　（桐蔭学園中）

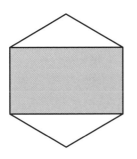

答え（　　　　cm²）

□(4)　（茗溪学園中）

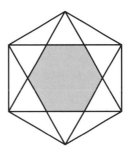

答え（　　　　cm²）

14 ▶ 合同と相似

例題

右の図で，長方形ABCDの中に，EF＝EB，FC＝BC
となるような三角形CEFがある。次の問いに答えなさ
い。

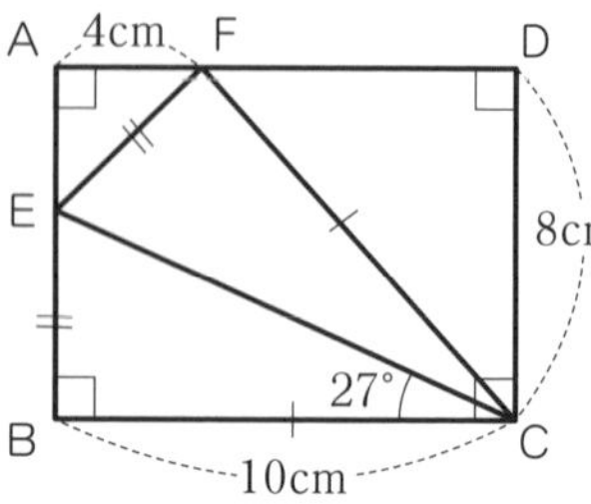

(1)　角FECの大きさを求めなさい。
(2)　BEの長さを求めなさい。

解説　解く手順を確認しましょう。（　　）にはあてはまることばや数を，〔　　〕には
式を書きましょう。

(1)

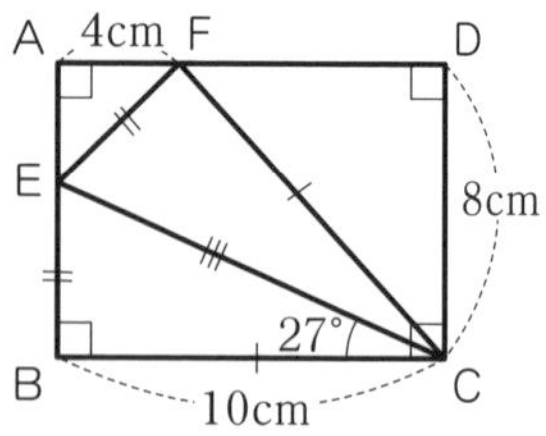

ステップ❶ 合同な三角形を見つけましょう。

三角形CEFと三角形CEBは，3組の辺がそれぞれ等しいので，
この2つの三角形は（①　　　　　）である。

ステップ❷ 対応する角を見つけましょう。

合同な三角形の対応する角は等しいので，

角FEC＝角（②　　　　　）＝（③　　　　度）

答え（④　　　　度）

┌─ 解法のポイント ─┐
│ 合同な三角形を見つける。 │
└──────────┘

(2)

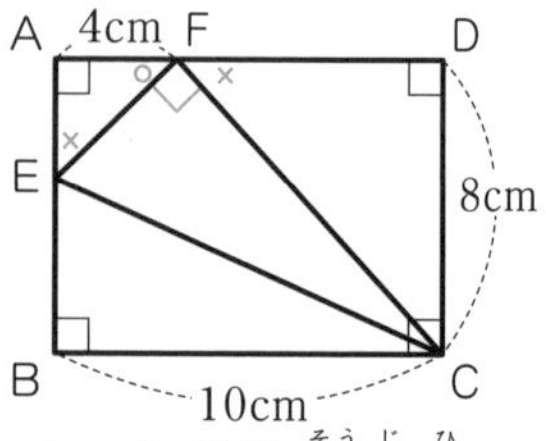

ステップ❶ 相似な三角形を見つけましょう。

角EFCは，角（⑤　　　　　）と等しいので，（⑥　　　　度）
角AFE＋角AEF＝（⑦　　　　度）
角AFE＋角DFC＝（⑧　　　　度）

よって，2組の角がそれぞれ等しいので，

（⑨　　　　　　　）と（⑩　　　　　　　）は相似になる。

ステップ❷ 相似比を使って，辺BEの長さを求めましょう。

AF：DC＝（⑪　　：　　）＝（⑫　　：　　）
AE：DF＝AE：（⑬　　　　　）＝（⑫　　：　　）より，
AE＝（⑭　　　　cm）
したがって，（式）〔⑮ BE＝　　　　　　〕（cm）

答え（⑯　　　　cm）

┌─ ⭐ 覚えておこう！ ─┐
│ ○＋×＝90° │
│ ○＋△＝90° │
│ ↓ │
│ ×＝△ │
└────────────┘

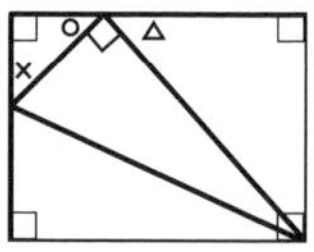

答え　① 合同　② BEC　③ 63度　④ 63度　⑤ EBC　⑥ 90度　⑦ 90度　⑧ 90度
⑨⑩ 三角形AEF，三角形DFC（順不同）　⑪ 4：8　⑫ 1：2　⑬ 6　⑭ 3cm
⑮ 8－3＝5　⑯ 5cm

1 次の値を求めなさい。

□(1) 三角形BECの面積

□(2) xの長さ

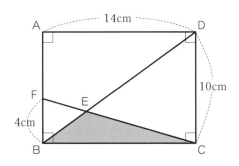

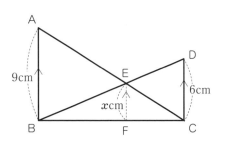

答え（　　　　cm²）

答え（　　　cm）

(3) xの長さ

UP!! (4) 三角形CBHと三角形CEHが合同なときの角xの大きさ

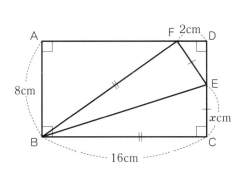

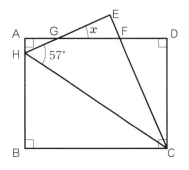

答え（　　　cm）

答え（　　　度）

15 三角形の底辺や高さの比と面積比

月　　日

例題 次の値を求めなさい。

(1) 三角形ABCの面積が55cm²，ED：DC＝2：1のときのぬりつぶした部分の面積

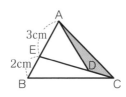

(2) 三角形AECの面積が20cm²，三角形ABDの面積が9cm²のときのxの長さ

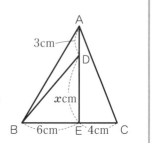

解説 解く手順を確認しましょう。（　）にはあてはまる数を，〔　〕には式を書きましょう。

(1)

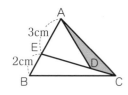

■ **ステップ❶** 三角形AECの面積を求めましょう。

（式）〔①　　　　　　　　　　　　　〕(cm²)

■ **ステップ❷** 辺の比を使って，三角形ADCの面積を求めましょう。

（式）〔②　　　　　　　　　　　　　〕(cm²)

　　　　　　　　　　　答え（③　　　　　cm²）

(2)

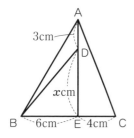

🔍 ■ **ステップ❶** 三角形ABEの面積を求めましょう。

三角形ABE：三角形AEC＝BE：（④　　　）＝（⑤　　：　　）

三角形AECの面積は（⑥　　）(cm²)より，三角形ABEの面積は，

（式）〔⑦　　　　　　　　　　　　　〕(cm²)

■ **ステップ❷** 三角形DBEの面積を求めましょう。

三角形ABDの面積は（⑧　　）(cm²)より，三角形DBEの面積は，

（式）〔⑨　　　　　　　　　　　　　〕(cm²)

👆 ■ **ステップ❸** 面積比を使って，辺の長さを求めましょう。

三角形ABD：三角形DBE＝AD：（⑩　　　　　）

つまり，（⑧　　　　）：（⑪　　　　　）＝（⑫　　：　　）

よって，x＝（⑬　　　　　）(cm)

　　　　　　　　　　　答え（⑭　　　　cm）

👆解法のポイント
求めたい辺を底辺に定める。

💡 **覚えておこう！**

底辺の比がa：bのとき，
高さが等しい2つの三角形の面積比は，a：b

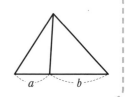

答え ① $55 \times \dfrac{3}{3+2} = 33$ ② $33 \times \dfrac{1}{2+1} = 11$ ③ 11cm² ④ CE ⑤ 3：2 ⑥ 20 ⑦ $20 \times \dfrac{3}{2} = 30$ ⑧ 9 ⑨ 30－9＝21 ⑩ DE ⑪ 21 ⑫ 3：x ⑬ 7 ⑭ 7cm

1 次の値を求めなさい。

☐(1) 平行四辺形ABCDの面積が210cm²のときの三角形AEDの面積

（東北学院中）

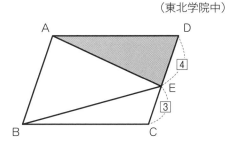

答え（　　　　cm²）

☐(2) 台形AECD：三角形ABE＝3：2のときのxの長さ

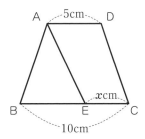

答え（　　　　cm）

☐(3) 平行四辺形ABCDの面積が96cm²のときの四角形EBFDの面積

（成城学園中）

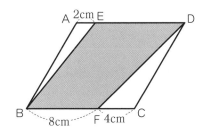

答え（　　　　cm²）

☐(4) 三角形AECの面積が36cm²，三角形ABDの面積が16cm²のときのxの長さ

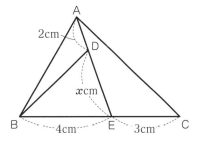

答え（　　　　cm）

16 相似比と面積（折り返した図形）

月　　日

例題 一辺が8cmの正方形ABCDを，右の図のようにEFで折り返したときのぬりつぶした部分の面積を求めなさい。

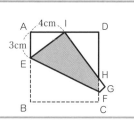

解説 解く手順を確認しましょう。（　）にはあてはまることばや数を，〔　〕には式を書きましょう。

ステップ❶ 三角形AEIと相似な三角形を見つけましょう。

三角形AEIと相似な三角形は，三角形（①　　　　　）と三角形（②　　　　　）である。

> **覚えておこう！**
> ・折り返したときの相似

ステップ❷ 三角形AEIの3辺の比を求めましょう。

EIの長さは，

（式）〔③　EI =　　　　　　　〕(cm)

したがって，三角形AEIの3辺の比は，（④　　　：　　　：　　　）の直角三角形になる。

ステップ❸ ぬりつぶした部分に補助線を引きましょう。

右図のようにEHに補助線を引き，四角形EFHIを三角形IEHと三角形EFHに分ける。

ステップ❹ 三角形IEHの面積を求めましょう。

IDの長さは，（⑤　　　　cm），ID：IH =（⑥　　　：　　　）

（式）〔⑦　IH =　　　　　　　　　〕(cm)

三角形IEHの面積は，

（式）〔⑧　　　　　　　　　　　　〕(cm²)

> **解法のポイント**
> 補助線を引く。

ステップ❺ 三角形EFHの面積を求めましょう。

HGの長さは，（⑨　　　　cm），HG：HF =（⑩　　　：　　　）

（式）〔⑪　HF =　　　　　　　　　〕(cm)

三角形EFHの面積は，高さがADであるから，

（式）〔⑫　　　　　　　　　　　　〕(cm²)

ステップ❻ ぬりつぶした部分の面積を求めましょう。

ぬりつぶした部分の面積は，ステップ4，5で求めた2つの三角形の面積の和である。よって，

（式）〔⑬　　　　　　　　　　　　〕(cm²)　　　　答え（⑭　　　　cm²)

答え ①② DIH, GFH(順不同)　③ EI = 8 − 3 = 5　④ 3：4：5　⑤ 4cm　⑥ 3：5　⑦ IH = $4 \times \frac{5}{3} = \frac{20}{3}$　⑧ $5 \times \frac{20}{3} \div 2 = \frac{50}{3}$　⑨ $\frac{4}{3}$ cm　⑩ 4：5　⑪ HF = $\frac{4}{3} \times \frac{5}{4} = \frac{5}{3}$　⑫ $\frac{5}{3} \times 8 \div 2 = \frac{20}{3}$　⑬ $\frac{50}{3} + \frac{20}{3} = \frac{70}{3}$　⑭ $\frac{70}{3}$ cm²

練習問題

1 次の図形は，(1)は直線DEで，(2)は直線EIで折り返したものである。ぬりつぶした部分の面積を求めなさい。

(1) 三角形ABCの面積は20cm²，
DE＝3cm，BH＝5cm，BC＝8cm

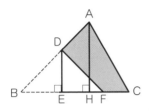

(2)

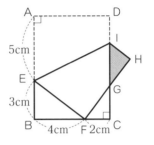

答え（　　　　cm²）　　　　　　　答え（　　　　cm²）

2 図1のようなAB，AD，BDの長さがそれぞれ5cm，12cm，13cmの長方形ABCDがある。

図2は長方形ABCDを，対角線BDを折り目にして折り返したもので，EはADとBCが交わる点である。図2のぬりつぶした部分の面積を求めなさい。　　　　（六甲学院中）

図1

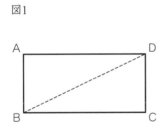

図2

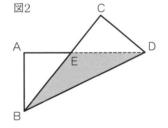

答え（　　　　cm²）

3 次の図のような直角三角形ABCの形の紙を，EFを折り目として折り返すと，頂点Bが辺AC上の点Dに重なり，さらにDEとDFの長さが同じになった。直角三角形ABCの面積が27cm²のとき，三角形DEFの面積を求めなさい。　　　　（明治大学付属明治中）

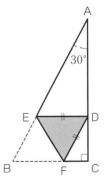

答え（　　　　cm²）

17 相似比と長さ（かげ）

 （月 日）

例題 次の問いに答えなさい。
(1) 身長1.5mの人が電灯から6mはなれた位置に立つと 3mのかげができた。電灯の高さを求めなさい。

(2) 身長1.4mの人が電灯から4mはなれた位置に立つと，右の図のように1mはなれた場所にあるかべに0.7mのかげができた。電灯の高さを求めなさい。

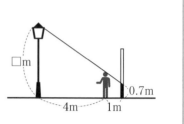

解説 解く手順を確認しましょう。（ ）にはあてはまる数を，〔 〕には式を書きましょう。

(1) **ステップ❶** 相似な三角形をつくりましょう。
三角形ABCと三角形DECを作図する。

ステップ❷ 相似比から電灯の高さを求めましょう。
AB：DE＝（① ： ）
（式）〔② AB＝ 〕(m)
答え（③ m）

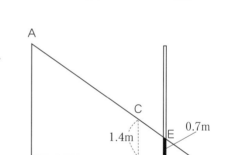

(2) **ステップ❶** 補助線を引きましょう。
図のように補助線EGを引いて，相似な三角形ABG，CDG，EFGを作図する。

ステップ❸ 相似比からFGの長さを求めましょう。
FG：DG＝EF：CD＝（④ ： ）
つまり，DF：FG＝（⑤ ： ）なので，
FG＝（⑥ m）

ステップ❸ 相似比から電灯の高さを求めましょう。
三角形ABGと三角形EFGの相似から，
AB：BG＝（⑦ ： ）
（式）〔⑧ AB＝ 〕(m)
答え（⑨ m）

> 👆 **解法のポイント**
> 補助線を引く。

💡 覚えておこう！

かべにかげができる問題も相似を使う。
三角形ABCと三角形DEC

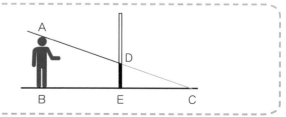

答え ① 3：1 ② AB＝1.5×3＝4.5 ③ 4.5m ④ 1：2 ⑤ 1：1 ⑥ 1m ⑦ 7：10 ⑧ AB＝6×$\frac{7}{10}$＝4.2 ⑨ 4.2m

1 (1) 図のように，8mはなれたかべに6mの木のかげが2mできている。身長1.5mのたろうさんが，同じ時刻に同じ場所でかべから1mの位置に立つと，かべに何mのかげができるか求めなさい。

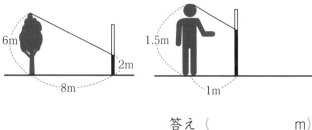

答え（　　　　　m）

(2) 図のように5mはなれているかべに木のかげが1mできている。同じ時刻に同じ場所で1mの棒を立てるとかげが2mできた。この木の高さを求めなさい。

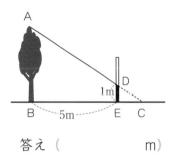

答え（　　　　　m）

2 図のように地面から高さ9mのところに光源Pがあり，光源の真下の点Oから6mはなれたところに高さ4.5mの棒が立っている。棒から1mはなれたところに横3m，高さ2mの箱を置いたところ，箱の上面に棒のかげができた。このとき，箱の上面に映ったかげの長さを求めなさい。

（清風中・改）

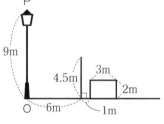

答え（　　　　　m）

3 ある地点から，ビルと山をさつえいした。今，4つの情報がわかっている。
・写真をとった地点の高さは20m
・ビルの高さは100m
・写真では，山の高さがビルの高さの8分の5の高さに見えた。
・さつえい地点からビル，山までの直線きょりはそれぞれ，5km，50km
この4つの情報から山の高さを求めなさい。

（市川中・改）

答え（　　　　　m）

18 ▷ 面積比と相似

月 日

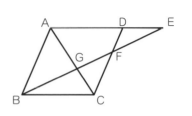

例題

右の図の四角形ABCDは一辺が24cmのひし形で，また，FD = 6cmである。

(1) DEの長さを求めなさい。

(2) 三角形ABGと三角形AGEの面積比を求めなさい。

(3) 三角形DFEと三角形CFGの面積比を求めなさい。

解説 解く手順を確認しましょう。（　　）にはあてはまることばや数を，〔　　〕には式を書きましょう。

(1)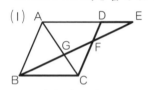

解法のポイント
相似を見つける。

ステップ❶ 三角形の相似を見つけましょう。

三角形CBFと三角形DEFは相似の関係にある。

BC：DE =（① 　　）：DF =（② 　　）：6 = 3：1 より，

DEの長さは，（式）〔③ 　　　　　　　〕(cm)

答え（④ 　　cm）

(2)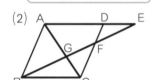

ステップ❶ 三角形の相似を見つけましょう。

三角形AEGと三角形CBGは相似の関係にある。

BC：AE = BC：(AD + DE)

= 24：（⑤ 　　）=（⑥ 　：　）

ステップ❷ 三角形の底辺の比に着目しましょう。

三角形ABGと三角形AGEについて，それぞれBG，GEを底辺としてみると，

BG：GE =（⑦ 　：　）なので，三角形ABGと三角形AGEの面積比は

（⑧ 　：　）となる。　　　　　　　　　　答え（⑨ 　：　）

(3) **ステップ❶** 辺の比から面積比を求めましょう。

三角形DFEと三角形CFBを比べると，DF：CF = 1：3より，面積比は（⑩ 　：　），

また，三角形CFGと三角形CBGと比べると，FG：BG = 3：4より，面積比は

（⑪ 　：　）である。

したがって，三角形CFGの面積 =（⑫ 　　）×三角形BCFの面積であるから，

三角形DFE：三角形CFG = 1：（⑬ 　　）

これを整数比で表すと，（⑭ 　：　）　　　　答え（⑮ 　：　）

答え ① CF ② 18 ③ DE = 24 × $\frac{1}{3}$ = 8 ④ 8cm ⑤ 32 ⑥ 3：4 ⑦ 3：4 ⑧ 3：4 ⑨ 3：4 ⑩ 1：9 ⑪ 3：4 ⑫ $\frac{3}{7}$ ⑬ $\frac{27}{7}$ ⑭ 7：27 ⑮ 7：27

例題

右の図の四角形ABCDは一辺が12cmのひし形であり，
AF：FD＝1：1，DE：EC＝1：1，また，G，HはACを
3等分する線である。三角形ABGの面積が12cm²である
とき，次の面積を求めなさい。

(1) 三角形CEHの面積

(2) 五角形DFGHEの面積

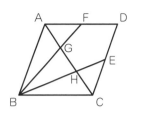

解説　解く手順を確認しましょう。（　）にはあてはまることばや数を，〔　〕には
式を書きましょう。

(1)

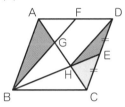

―解法のポイント―
合同を見つける。

ステップ❶ 合同な三角形を見つけましょう。

補助線DHを引く。

AB＝CD，AG＝CH　また，角BACと角DCAは等しい。2
組の辺とその間の角がそれぞれ等しいので，三角形ABGと三
角形CDHは合同である。

CE：ED＝（①　　：　　）より，高さが等しいので三角形
CEHと三角形DEHの面積比は（②　　：　　）である。

したがって，三角形CEHの面積は，三角形ABGの面積の

（③　　）倍なので，

(式)〔④　　　　　　　　　　　　　　　　〕(cm²)

答え（⑤　　　　cm²）

(2)

ステップ❶ 三角形DACの面積を求めましょう。

三角形DACの面積は，三角形ABCの面積と等しい。

AC：AG＝3：1より，三角形ABCの面積は三角形ABGの面
積の3倍なので，

(式)〔⑥　　　　　　　　　　　　　　　　〕(cm²)

よって，三角形DACの面積は（⑦　　　　）cm²。

―解法のポイント―
複数の三角形の辺の
比を利用する。

ステップ❷ 三角形AGFの面積から求めましょう。

AG：GC＝1：2より，補助線CFを引くと，三角形AGFの面
積は三角形FGCの面積の（⑧　　）倍。

三角形ACFの面積が三角形（⑨　　　　　）の面積と等しいので，三角形FGC＝三角形
ABG＝12cm²　よって，三角形AGFの面積は

(式)〔⑩　　　　　　　　　　　　　　　　〕(cm²)

三角形DACの面積から三角形CEHの面積と三角形AGFの面積をひくと，

(式)〔⑪　　　　　　　　　　　　　　　　〕(cm²)

答え（⑫　　　　cm²）

答え ① 1：1 ② 1：1 ③ $\frac{1}{2}$ ④ $12\times\frac{1}{2}=6$ ⑤ 6cm² ⑥ 12×3＝36
⑦ 36 ⑧ $\frac{1}{2}$ ⑨ ABF ⑩ $12\times\frac{1}{2}=6$ ⑪ 36－6－6＝24 ⑫ 24cm²

練習問題

1 図のような台形ABCDがあり，辺ADを2等分する点をE，辺BCを2：3に分ける点をFとし，AE＝BFとする。次の問いに答えなさい。　　（鎌倉学園中）

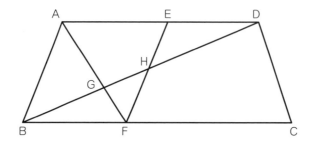

□(1)　AB：HFを最も簡単な整数の比で表しなさい。

答え（　　　　　　　）

□(2)　DH：HGを最も簡単な整数の比で表しなさい。

答え（　　　　　　　）

□(3)　三角形HGFの面積を2cm²としたとき，四角形HFCDの面積を求めなさい。

答え（　　　　　cm²）

2 図のような平行四辺形ABCDがある。AE：ED＝3：5，DF：FC＝3：2，BG：GC
□　＝7：5，AH：HB＝2：1である。三角形HBGの面積が14cm²のとき，六角形
AHGCFEの面積を求めなさい。　　（慶應義塾普通部）

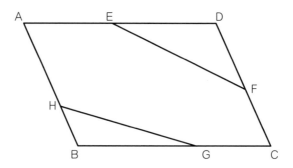

答え（　　　　　cm²）

解答は別冊23ページ

例題

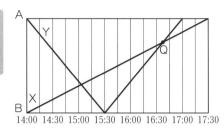

XさんとYさんが，A地点とB地点の間を車で移動している。グラフは，2人の移動したきょりと時間の関係を表している。

(1) 2人が初めてすれちがう時刻を求めなさい。

(2) 2人がQまでに進んだきょりの合計が300kmのとき，A地点とB地点の間のきょりを求めなさい。

解説

解く手順を確認しましょう。（　　）にはあてはまる数を，〔　　〕には式を書きましょう。

(1)

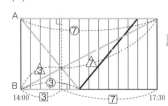

■ステップ❶ 相似な三角形を見つけましょう。

初めてすれちがう点を通る三角形を2つ探す。

■ステップ❷ 比を読み取り，軸に比を移しましょう。

今回は時刻を求めたいので横軸に移す。

■ステップ❸ 比から，時刻を求めましょう。

14時から17時30分は（①　　　　　　分）

2人がすれちがうのは，14時から（①）×$\dfrac{（②\ \square\ ）}{\boxed{3}+\boxed{7}}$分後の

（③　時　　分）となる。　　　答え（④　時　　分）

―解法のポイント―
時刻は横軸に比を移す。

(2)

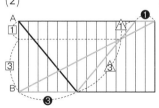

■ステップ❶ 相似な三角形を見つけ，軸に比を移しましょう。

横軸に注目すると❶：❸および△1：△3を見つけることができる。今回はきょりを求めたいので，相似比を縦軸に移す。

■ステップ❷ 縦軸の比＝きょりの比であることから，2人が進んだきょりの合計を，比を利用して求めましょう。

QまでにXさんが進んだきょりを□の比を使って表すと，（⑤　　　　　）

Yさんが進んだきょりを□の比を使って表すと，

〔⑥　　　＋　　　＝　　　〕

⑤＋⑥の全体が300kmであるので，A地点とB地点のきょりは，$300 \times \dfrac{（⑦\ \square\ ）}{（⑧\ \square\ ）+（⑨\ \square\ ）}$

＝（⑩　　　　　）(km)

答え（⑪　　　　　km）

―解法のポイント―
きょりは縦軸に比を移す。

答え　① 210分　② 3　③ 15時3分　④ 15時3分　⑤ 3　⑥ 1＋3＋3＝7　⑦ 4
⑧⑨ 3，7(順不同)　⑩ 120　⑪ 120km

練習問題

1 次の問いに答えなさい。

□(1) ゆりさんとはなさんは，P地点とQ地点の間を一定の速さで行き来する。ゆりさんとはなさんは同時に出発し，ゆりさんはP地点から出発して60分の間にぴったり1往復半移動し，はなさんはQ地点から出発して60分の間にぴったり2往復した。次の問いに答えなさい。

① 二人が進む様子をグラフに表しなさい。

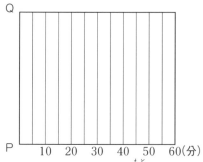

② 二人が2回目にすれちがうのは，出発してから何分後から何分後の間か求めなさい。ただし，いちばん近い整数で答えること。

答え（ 分後から 分後の間）

③ 60分間ではなさんが進んだ道のりの合計は3600mである。ゆりさんの進む時速を求めなさい。 答え（時速 km）

(2) れんさんは，7時18分に家を出て一定の速さで1800mはなれた学校に行く。途中で□ 公園で6分間休み，再び同じ速さで学校に向かった。れんさんが忘れ物をしたので，れんさんのお兄さんは7時33分に家を出て，忘れ物を持って自転車でれんさんを追いかけ，7時39分に忘れ物を届けた後はれんさんを追いこして学校に向かい，7時42分に学校に到着した。

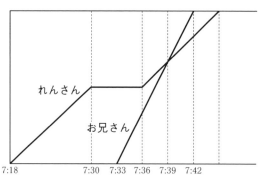

① れんさんのお兄さんが追いついたのは家から何mの地点か求めなさい。

答え（ m）

② れんさんが学校に到着した時刻を求めなさい。

答え（ 時 分 秒）

1 次の図の角の大きさを求めなさい。

☐(1)　長方形ABCDを辺BEで折り返したときの
　　　角 x の大きさ　　　　　　　　（桃山学院中）

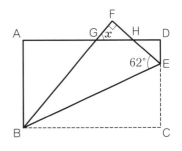

答え （　　　　　　度）

2 次の辺の長さを求めなさい。

☐(1)　ADとEFとGCが平行であるときの
　　　EFの長さ　　　　　　　（桐蔭学園）

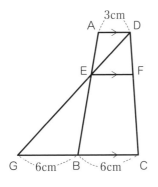

答え （　　　　　cm）

☐(2)　四角形ABCDは平行四辺形で，EF
　　　とABは平行，DG＝5cm，EH：HF
　　　＝3：2であるときの辺ABの長さ

　　　　　　　　　　　　（慶應義塾中等部）

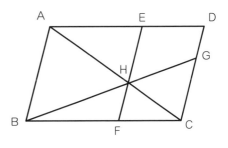

答え （　　　　　cm）

③ 次のぬりつぶした部分の面積を求めなさい。

☐(1) 四角形ABCDが長方形のとき，三角形IJKの面積

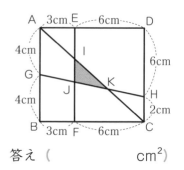

答え（　　　　　　cm²）

☐(2) AF：FB＝1：1であるとき，四角形BEGFの面積

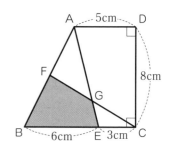

答え（　　　　　　cm²）

☐(3) 三角形EFGの面積

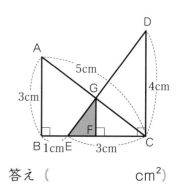

答え（　　　　　　cm²）

☐(4) 四角形ABCDが正方形であるときの三角形EPQの面積

（海城中・改）

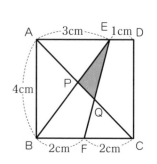

答え（　　　　　　cm²）

4 次の問いに答えなさい。

□(1)　木のかげが4mできている。身長140cmのAさんが同じ時刻に木の真横に立ったところ，かげの長さは160cmになった。このとき，木の高さを求めなさい。

答え（　　　　　　　m）

□(2)　図のように150mのタワーから100mはなれた場所にあるビルにかげができた。同じ時刻にビルの真横にBさんが立ったところ，かげの長さは160cmになった。Bさんの身長が120cmであるとき，ビルにできたかげの高さを求めなさい。

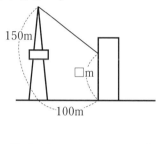

答え（　　　　　　　m）

5 AさんとBさんが地点P，Qの間を自転車で往復した。Aさんは，10時に地点Pを出発し，時速15kmで地点Qまで向かい，地点Qで5分間休けいした。その後，地点Qを出発し，時速12kmで移動したところ，10時41分に地点Pに着いた。Bさんは，地点Qを出発し，時速12kmで地点Pまで向かい，地点Pで3分間休けいした後，時速8kmで地点Qまでもどった。このとき，次の問いに答えなさい。

□(1)　地点P，Qの間は何kmか求めなさい。

答え（　　　　　　　km）

□(2)　2回目にAさんとBさんが出会うのは何時何分何秒か求めなさい。

答え（　　　時　　　分　　　秒）

20 平行移動

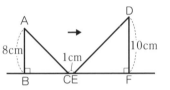

例題

右の図のように，直線上に2つの直角二等辺三角形ABCとDEFがある。三角形ABCを毎秒1cmの速さで動かすとき，次の問いに答えなさい。 (共立女子中・改)

(1) 11秒後の，2つの三角形が重なっている面積を求めなさい。

(2) 13秒後の，2つの三角形が重なっている面積を求めなさい。

解説 解く手順を確認しましょう。(　)にはあてはまる数を，〔　〕には式を書きましょう。

(1)

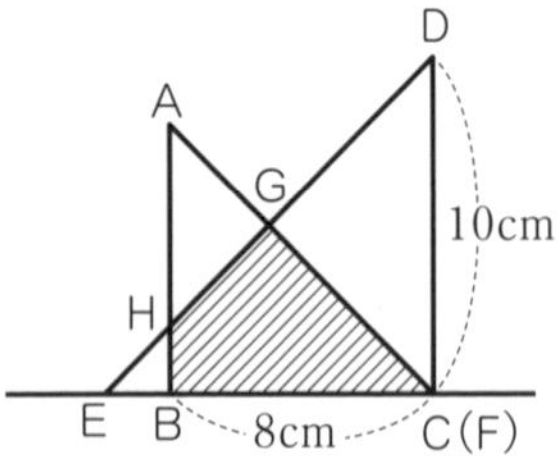

ステップ① 三角形GECの面積を求めましょう。

11秒後の2つの三角形は図のようになる。

角C＝角E＝(① 　　　　)より，三角形GECは直角二等辺三角形である。この三角形の高さを求める。

(式)〔② 　　　　　　　　　〕(cm)

三角形GECの面積を求める。

(式)〔③ 　　　　　　　　　〕(cm²)

ステップ② 三角形HEBの面積を求めましょう。

三角形HEBと三角形DEFは相似であるため，三角形HEBは直角二等辺三角形である。EBの長さを求める。

(式)〔④ 　　　　　　　　　〕(cm)

三角形HEBの面積を求める。 (式)〔⑤ 　　　　　　　　　〕(cm²)

ステップ③ 三角形GECの面積から三角形HEBの面積をひきましょう。

(式)〔⑥ 　　　　　　　　　〕(cm²)

答え (⑦ 　　　　 cm²)

―解法のポイント―
長さのわかる三角形に着目する。

(2)

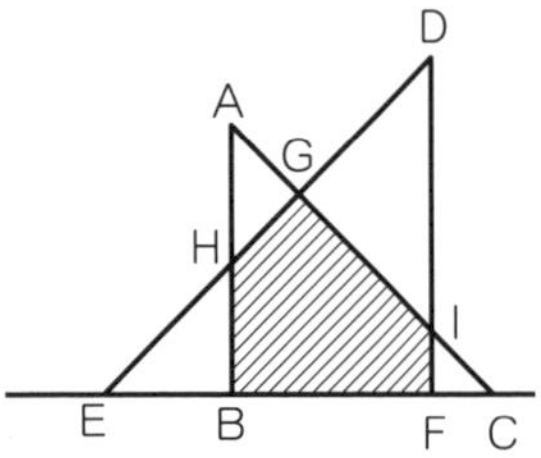

ステップ① 直角二等辺三角形GECの面積を求めましょう。

13秒後の2つの三角形は図のようになる。

FCの長さを求める。

(式)〔⑧ 　　　　　　　　　〕(cm)

また，この三角形の底辺は(⑨ 　　　　 cm)，高さは

(⑩ 　　　　 cm)である。この三角形の面積を求める。

(式)〔⑪ 　　　　　　　　　〕(cm²)

ステップ② 直角二等辺三角形HEBの面積を求めましょう。

EBの長さを求める。 (式)〔⑫ 　　　　　　　　　〕(cm)

答え ① 45°　② 10÷2＝5　③ 10×5÷2＝25　④ 10−8＝2　⑤ 2×2÷2＝2
⑥ 25−2＝23　⑦ 23cm²　⑧ 13−1−10＝2　⑨ 12cm　⑩ 6cm　⑪ 12×6÷2＝36
⑫ 10−6＝4　⑬ 4×4÷2＝8　⑭ 2×2÷2＝2　⑮ 36−8−2＝26　⑯ 26cm²

三角形HEBの面積を求める。　　　　　（式）〔⑬

〕(cm²)

■ ステップ❸ 直角二等辺三角形IFCの面積を求めましょう。

（式）〔⑭

〕(cm²)

■ ステップ❹ 三角形GECの面積から三角形HEBと三角形IFCの面積をひきましょう。

（式）〔⑮

〕(cm²)

答え 〔⑯　　　　cm²〕

練習問題

1 下の図のように，1辺が50cmの正方形と底辺が50cm，高さが100cmの二等辺三角形がある。正方形は直線m上を毎秒2cmの速さで矢印の方向へ動く。ただし，二等辺三角形は動かないものとする。このとき，次の問いに答えなさい。

（江戸川学園取手中・改）

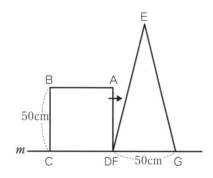

□(1)　2つの図形が重なり終わるのは，正方形が動き始めてから何秒後か求めなさい。

答え（　　　　秒後）

(2)　2つの図形が重なり始めてから，10秒後の重なっている部分の面積を求めなさい。

答え（　　　　cm²）

2 下の図のように，直線上に直角三角形ABCと平行四辺形DEFGがある。直角三角形が矢印の方向に毎秒2cm動くとき，次の問いに答えなさい。

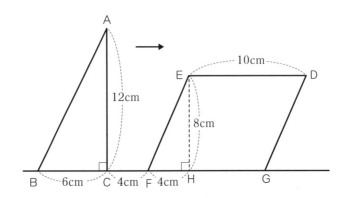

□(1) 2つの図形が重なり始めるのは，三角形が動き始めてから何秒後か求めなさい。

答え（　　　　　秒後）

□(2) 3秒後の，2つの図形が重なっている部分の面積を求めなさい。

答え（　　　　　cm²）

□(3) 7秒後の，2つの図形が重なっている部分の面積を求めなさい。

答え（　　　　　cm²）

UP!!(4) 8秒後の，2つの図形が重なっている部分の面積を求めなさい。
□

答え（　　　　　cm²）

21 ▶ 回転移動

月　　日

例題

右の図のように，対角線が8cmの正方形ABCDを点Bを中心に時計回りに45°回転させて正方形EBFGの位置に移動させる。このとき，次の問いに答えなさい。ただし，円周率は3.14とする。

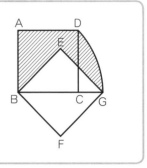

(1) 点Dが点Gの位置に移動した長さを求めなさい。

(2) しゃ線部分の面積を求めなさい。

解説　解く手順を確認しましょう。（　　　）にはあてはまる数を，〔　　　〕には式を書きましょう。

(1) **ステップ①** 移動させると，どのような形になるか考えましょう。

点Dが点Gに移動してできた線は，半径8cm，中心角45°のおうぎ形の弧になる。

ステップ② おうぎ形の弧の長さを求めましょう。

(式)〔①　　　　　　　　　　　　　　　　　　　　　〕(cm)

答え（②　　　　　　　　cm）

(2) **ステップ①** 図の一部を移動させましょう。

かげをつけた部分の一部である三角形ABDを三角形EBGに移動させる。

このことによって，求める面積は半径8cm，中心角45°のおうぎ形の面積になる。

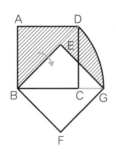

　　　　　　　　　　　解法のポイント

図形の一部を移動させて，面積を求めやすくする。

ステップ② おうぎ形の面積を求めましょう。

(式)〔③　　　　　　　　　　　　　　　　　　　　　〕

答え（④　　　　　　　　cm²）

答え │ ① $8 \times 2 \times 3.14 \times \dfrac{45°}{360°} = 6.28$　② 6.28cm　③ $8 \times 8 \times 3.14 \times \dfrac{45°}{360°} = 25.12$
④ 25.12cm²

65

練習問題

1 下のような三角形ABCを，点Cを中心に時計回りに90°回転させる。このとき，次の問いに答えなさい。ただし，円周率は3.14とする。

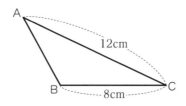

□(1)　点Aが移動した長さを求めなさい。

□(2)　辺ABが通った部分の面積を求めなさい。

答え（　　　　　cm）

答え（　　　　　cm²）

UP!! 2 下の図のような，半径4cmの円を4等分したようなおうぎ形OABが，直線XYの上をすべることなく転がって，最初に辺OBが直線XYに重なったところで止まる。このとき，次の問いに答えなさい。ただし，円周率は3.14とする。　　　（昭和学院秀英中）

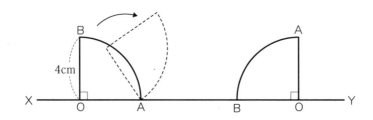

□(1)　点Oが通った線の長さを求めなさい。

□(2)　点Oが通った線と直線XYで囲まれた部分の面積を求めなさい。

答え（　　　　　cm）

答え（　　　　　cm²）

例題

右の図のような長方形の外側を，半径2cmの円が1周する。このとき，次の問いに答えなさい。ただし，円周率は3.14とする。

(1) 円の中心がえがく線の長さを求めなさい。

(2) 円が通ったあとにできる図形の面積を求めなさい。

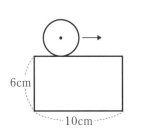

6cm

10cm

解説 解く手順を確認しましょう。（　）にはあてはまる数を，〔　〕には式を書きましょう。

(1)

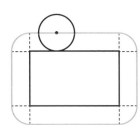

ステップ❶ 直線部分の長さを求めましょう。

(式)〔①　　　　　　　　　　　〕(cm)

ステップ❷ 角の曲線部分の長さを求めましょう。

4つの角の長さを合わせると，半径2cmの円のまわりの長さと同じになる。

(式)〔②　　　　　　　　　　　〕(cm)

ステップ❸ 2つの長さをたし合わせましょう。

(式)〔③　　　　　　　　　　　〕(cm)

答え（④　　　　　cm）

(2)

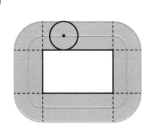

ステップ❶ 長方形の部分の面積を求めましょう。

(式)〔⑤　　　　　　　　　　　〕(cm²)

ステップ❷ 角の部分の面積を求めましょう。

4つの角の部分をすべてたすと，半径4cmの円の面積と同じになる。

(式)〔⑥　　　　　　　　　　　〕(cm²)

ステップ❸ 2つの面積をたし合わせましょう。

(式)〔⑦　　　　　　　　　　　〕(cm²)

答え（⑧　　　　　cm²）

 覚えておこう！

図形のまわりを円が転がる問題

直線部分と角の部分に分けて考える。

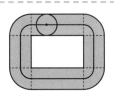

答え ① (6＋10)×2＝32　② 2×2×3.14＝12.56　③ 32＋12.56＝44.56　④ 44.56cm
⑤ 4×6×2＋4×10×2＝128　⑥ 4×4×3.14＝50.24　⑦ 128＋50.24＝178.24
⑧ 178.24cm²

練習問題

1 下の図のように，一辺8cmの正三角形の辺上を，半径1cmの円がすべることなく転がり1周する。このとき，次の問いに答えなさい。ただし，円周率は3.14とする。

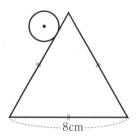

8cm

□(1)　中心がえがく線の長さを求めなさい。　　□(2)　円が通ったあとの面積を求めなさい。

答え（　　　　　　cm）　　　　　　　答え（　　　　　　cm²）

2 下の図のような平行四辺形がある。この図形の外側を，辺にそって半径1cmの円が1周するとき，次の問いに答えなさい。ただし，円周率は3.14とする。　　（開明中・改）

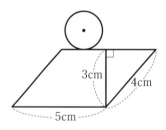

3cm　　4cm

5cm

□(1)　円の中心がえがく線の長さを求めなさい。　**UP!!** □(2)　円が動いてできる図形の面積を求めなさい。

答え（　　　　　　cm）　　　　　　　答え（　　　　　　cm²）

23 ▶ 点の移動と面積（図形上を動く点）

月　日

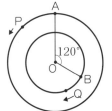

例題

次の図のような，点Oを中心とした円周が40cmの円と24cm
の円がある。点Pは点Aを，点Qは点Bを同時に出発し，毎秒
1cmの速さで円周上を図の方向に動く。OAとOBからなる角
AOBは120度である。このとき，次の問いに答えなさい。

(1) 初めてP，Qのきょりが最も短くなるのは何秒後か求めなさい。

(2) 初めてP，Qのきょりが最も長くなるのは何秒後か求めなさい。

解説　解く手順を確認しましょう。（　）にはあてはまる数を，〔　〕には式を書きましょう。

(1) ステップ❶ きょりが最も短くなるときの点P，Qの位置を考えましょう。

PQのきょりが最も短くなるのは，点P，Q，Oが右の
図のように一直線上に並ぶときである。このとき，点
Pと点Qが動いた角度の和は，

(式)〔①　　　　　　　　　　　　　　　　　　〕

ステップ❷ 点Pと点Qが1秒間に回転する角度を求めましょう。

P：(式)〔②　　　　　　　　　　　　〕

Q：(式)〔③　　　　　　　　　　　　〕

②③より，角POQの大きさは毎秒（④　　　）
度ずつ小さくなる。

ステップ❸ 初めてきょりが最も短くなるときの時間を求めましょう。

(式)〔⑤　　　　　　　　　　　　〕(秒後)

答え（⑥　　　　）秒後

 覚えておこう！

・最も短いきょり
　O，Q，Pの順に一直線上に並ぶ。

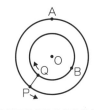

解法のポイント
（動いた角度）÷（1秒間に動く角度）
＝（時間）

(2) ステップ❶ きょりが最も長くなるときの点P，Qの位置を考えましょう。

PQのきょりが最も長くなるのは，点P，O，Qが右の
図のように一直線上に並ぶときである。このとき，点
Pと点Qが動いた角度の和は，

(式)〔⑦　　　　　　　　　　　　　　　　　〕

ステップ❷ 初めてきょりが最も長くなるときの時間を求めましょう。

(式)〔⑧　　　　　　　　　　　　〕(秒後)

答え（⑨　　　　）秒後

 覚えておこう！

・最も長いきょり
　P，O，Qの順に一直線上に並ぶ。

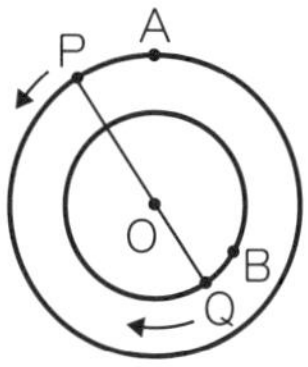

答え ① 360°−120°＝240°　② 360°÷40＝9°　③ 360°÷24＝15°　④ 24　⑤ 240°÷24＝10　⑥ 10秒後
⑦ 180°−120°＝60°　⑧ 60°÷24＝2.5　⑨ 2.5秒後

69

練習問題

1 右の図のような，点Oを中心とした半径が10cmの円と6cmの円がある。点Pは点Aを出発し1周18秒の速さで，点Qは点Bを出発し1周12秒の速さで同時に出発して，矢印の方向に進む。このとき，次の問いに答えなさい。

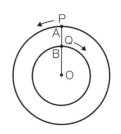

□(1)　初めてPQのきょりが最も長くなるのは何秒後か求めなさい。

答え（　　　　　　秒後）

□(2)　初めて出発点に同時にもどるのは何秒後か求めなさい。

答え（　　　　　　秒後）

□(3)　初めて三角形OPQの面積が最大になるのは何秒後で，面積は何cm²か求めなさい。

答え（　　　　秒後，　　　　cm²）

2 右の図のような，点Oを中心とする大小2つの円の円周上に点P，Qがあり，角POQは直角である。また，点A，Bは小さい円の円周上を，点Cは大きい円の円周上を時計回りに動く。点A，B，Cは1周回るのにそれぞれ15秒，30秒，12秒かかる。点A，Bは点Pから，点Cは点Qから同時に出発するとき，次の問いに答えなさい。　　　　　　（市川中・改）

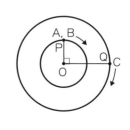

□(1)　初めて点Aと点Cのきょりが最も長くなるのは，出発してから何秒後か求めなさい。

答え（　　　　　　秒後）

□(2)　次に3点A，B，Cが(1)とまったく同じ位置になるのは，出発してから何秒後か求めなさい。

答え（　　　　　　秒後）

24 ▶ 点の移動と面積（まきつけ）

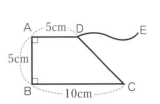

例題

図のような台形ABCDの点Dに6cmの糸をつけ，その先たんをEとする。この糸をゆるまないように引っ張りながら動かす。糸は台形の中に入らないものとし，次の問いに答えなさい。ただし，DCは6cmより長く，円周率は3.14とする。

(1) Eが動く長さを求めなさい。

(2) DEが通過する面積を求めなさい。

解説 解く手順を確認しましょう。（　）にはあてはまる数を，〔　〕には式を書きましょう。

(1) **ステップ❶** 点Eが動いた範囲をかいてみましょう。

点Eが動く長さは，右の図のようにおうぎ形2つを組み合わせた図形の弧の長さと等しい。

> 💡 **覚えておこう！**
>
> ・弧の半径が変わる点
> 糸と辺が重なるとき。

ステップ❷ ●の角度を求めましょう。

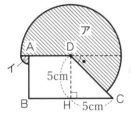

左の図のように，点DからBCに垂直な線DHを引くと，三角形HCDは直角二等辺三角形であることがわかる。●の大きさは

(式)〔①　●＝　　　　　　　　　　　　　　〕

ステップ❸ おうぎ形の中心角・半径を求めましょう。

おうぎ形アの中心角は，

(式)〔②　　　　　　　　　　　　　　　　　〕

おうぎ形イの中心角は，（③　　　　　　　　）

おうぎ形ア，イの半径は，それぞれ（④　　　cm），（⑤　　　cm）

解法のポイント
補助線DHを引く。

ステップ❹ 弧の長さを求めましょう。

おうぎ形アの弧の長さ：(式)〔⑥　　　　　　　　　　　　　　〕(cm)

おうぎ形イの弧の長さ：(式)〔⑦　　　　　　　　　　　　　　〕(cm)

ステップ❺ 点Eが動く長さを求めましょう。

(式)〔⑧　　　　　　　　　　　　〕(cm)　　答え（⑨　　　　cm）

(2) **ステップ❶** おうぎ形の面積を求めましょう。

おうぎ形アの面積：(式)〔⑩　　　　　　　　　　　　　〕(cm²)

おうぎ形イの面積：(式)〔⑪　　　　　　　　　　　　　〕(cm²)

ステップ❷ DEが通過する面積を求めましょう。

(式)〔⑫　　　　　　　　　　　〕(cm²)　　答え（⑬　　　　cm²）

答え ① ●＝90°－45°＝45° ② 180°＋45°＝225° ③ 90° ④ 6cm ⑤ 1cm
⑥ $6 \times 2 \times 3.14 \times \frac{225°}{360°} = 23.55$ ⑦ $1 \times 2 \times 3.14 \times \frac{90°}{360°} = 1.57$ ⑧ 23.55＋1.57＝25.12
⑨ 25.12cm ⑩ $6 \times 6 \times 3.14 \times \frac{225°}{360°} = 70.65$ ⑪ $1 \times 1 \times 3.14 \times \frac{90°}{360°} = 0.785$
⑫ 70.65＋0.785＝71.435 ⑬ 71.435cm²

71

練習問題

1 次の図のような図形の点Fに6cmの糸をつけ，先たんをGとする。この糸をゆるまないように引っ張りながら動かす。糸は図形の中に入らないものとし，次の問いに答えなさい。ただし，ABは3cmより長く，円周率は3.14とする。

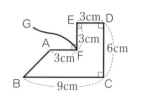

□(1) 点Gが動く長さを求めなさい。

答え（　　　　　　cm）

□(2) GFが通過した面積を求めなさい。

答え（　　　　　　cm²）

UP!! 2 図のように，ABが6m，BCが4mの長方形の土地を囲うさくがあり，点Pに犬が8mのリードでつながれている。この犬はさくの外を動くことができ，点PはBCの間のみ動く。犬の動ける範囲の面積を求めなさい。ただし，円周率は3.14とし，犬の体長は考えないものとする。　　（関西学院中）

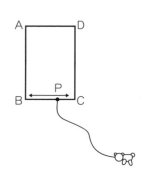

答え（　　　　　　m²）

UP!! 3 次の図は，一辺の長さが1cmの正八角形で，1つの頂点Aに長さ4cmの糸の片方のはしがついている。この糸を図の状態から正八角形の周にそって糸がたるまないように反時計回りにまきつける。このとき，糸のもう1つのはしBが正八角形の頂点に着くまでに糸が通過した部分の面積を求めなさい。ただし，円周率は3.14とし，糸の太さは考えないものとする。　　（豊島岡女子学園中）

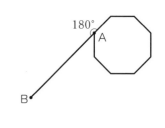

答え（　　　　　　m²）

1 次の問いに答えなさい。

□(1) 直角二等辺三角形ABCと長方形DEFGは4cmはなれている。三角形ABCを毎秒2cmで右方向に動かすとき，5秒後の2つの図形の重なった部分の面積を求めなさい。

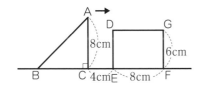

答え（　　　　　cm²）

□(2) 三角形ABCと平行四辺形DEFGは2cmはなれている。三角形ABCを毎秒2cmで右方向に動かすとき，2秒後の2つの図形の重なった部分の面積を求めなさい。

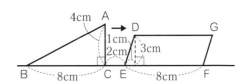

答え（　　　　　cm²）

2 次の問いに答えなさい。

□(1) 点EはAを出発して毎秒2cmの速さで，Dに向かって，点FはCを出発してBに向かって進む。点E，Fが同時に出発して，4秒後に四角形ABFEの面積が216cm²になるとき，点Fの進む速さを求めなさい。

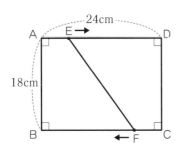

答え（毎秒　　　　cm）

□(2) 下の図のような長方形において，点PはAを出発して毎秒4cmの速さで辺AD上を往復し続ける。点QはBを出発して毎秒3cmの速さで辺BC上を往復し続ける。9秒後の四角形ABQPの面積を求めなさい。

（西武学園文理中・改）

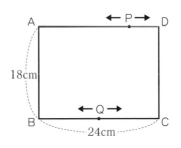

答え（　　　　　cm²）

□(3)　下の図のように，半径3cmの円が，1辺の長さが9cmの正方形の外側にふれながらまわりを1周するとき，円が通過する部分の面積を求めなさい。

（金蘭千里中・改）

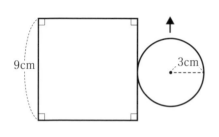

答え（　　　　　　cm²）

□(4)　点Pは毎秒1cmでAを出発して辺AD上を，点Qは毎秒2cmでFを出発してEF上を，点Rは毎秒3cmでBを出発して辺BC上を移動する。5秒後の三角形PQRの面積を求めなさい。

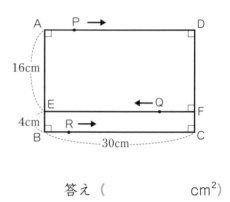

答え（　　　　　　cm²）

□(5)　下の図のような台形ABCDの辺上を，点Pが点Aを出発して点B，点Cを通り点Dまで進む。グラフは点Pが点Aを出発してからの時間と，三角形ADPの面積の関係を表している。ABの長さは何cmか求めなさい。

（関西大学北陽中・改）

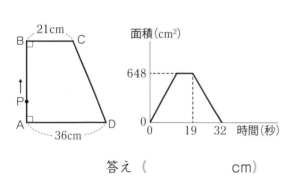

答え（　　　　　　cm）

□(6)　下のような台形ABCDの辺上を，毎秒2cmの速さで点Pが点Bを出発して点Cを通り点Dに進む。7秒後の三角形ABPの面積を求めなさい。

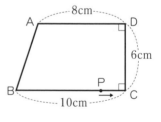

答え（　　　　　　cm²）

□(7) 長方形ABCDの辺AD上を動く点P
に長さ6cmのひもをつなげたとき,
図形の外側でひもの先たんQが動く
範囲の面積を求めなさい。

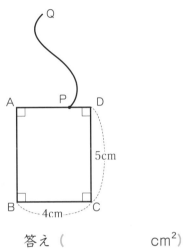

答え（　　　　cm²）

□(8) 1辺が9mの正方形に正三角形を組
み合わせた図形の頂点Bに12mのひ
もをつなげたとき,図形の外側でひ
もの先たんPがとどく範囲の面積を
求めなさい。

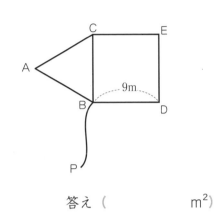

答え（　　　　m²）

□(9) 犬が長さ20mのひもでP地点につ
ながれている。下の図のようにつなが
れているとき,この犬が動ける範囲の
面積を求めなさい。　　（茨城中・改）

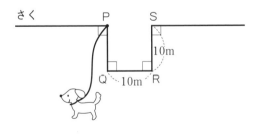

答え（　　　　m²）

□(10) 犬が長さ6mのひもで図のようにつ
ながれている。ひもをつないだ点P
は,太線で示したさくの上を自由に
動くことができる。犬が動ける範囲
の面積を求めなさい。ただし,点P
は辺AE上を動けず,犬は建物内に
は入ることができないとする。

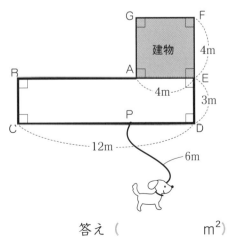

答え（　　　　m²）

25 立方体・直方体の表面積・体積

月　日

例題

(1) 次の図のような直方体の表面積を求めなさい。

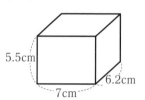

5.5cm
7cm
6.2cm

(2) 次の図のような直方体の体積を求めなさい。

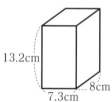

13.2cm
7.3cm
8cm

解説 解く手順を確認しましょう。（　　　）にはあてはまる数を，〔　　　〕には式を書きましょう。

(1)　■ステップ❶ 縦×横の面2つの面積を求めましょう。

（式）〔①　　　　　　　　　　　　　　　　　　　　　　〕(cm²)

　　■ステップ❷ 横×高さの面2つの面積を求めましょう。

（式）〔②　　　　　　　　　　　　　　　　　　　　　　〕(cm²)

　　■ステップ❸ 高さ×縦の面2つの面積を求めましょう。

（式）〔③　　　　　　　　　　　　　　　　　　　　　　〕(cm²)

　　■ステップ❹ すべての面積をたし合わせましょう。

（式）〔④　　　　　　　　　　　　　　　　　　　　　　〕(cm²)

答え（⑤　　　　　　　　）cm²

(2)　■ステップ❶ 体積を求めましょう。

（式）〔⑥　　　　　　　　　　　　　　　　　　　　　　〕(cm³)

答え（⑦　　　　　　　　）cm³

 覚えておこう！

・**直方体の表面積**

（縦×横）×2＋（横×高さ）×2＋（高さ×縦）×2

（縦×横＋横×高さ＋高さ×縦）×2

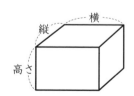

横
縦
高さ

・**直方体の体積**

縦×横×高さ

答え ① 6.2×7×2＝86.8　② 7×5.5×2＝77　③ 5.5×6.2×2＝68.2
④ 86.8＋77＋68.2＝232　⑤ 232cm²　⑥ 8×7.3×13.2＝770.88　⑦770.88cm³

練習問題

1 展開図が下の図のようになる直方体がある。このとき，次の問いに答えなさい。

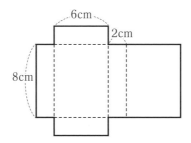

□(1) この直方体の表面積を求めなさい。　　□(2) この直方体の体積を求めなさい。

答え（　　　　　cm²）　　　　　答え（　　　　　cm³）

2 下の図は，表面積が209.08cm²の直方体の展開図である。
このとき，次の問いに答えなさい。

（甲南女子中・改）

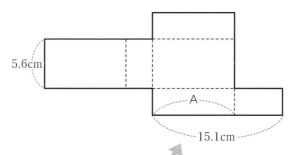

□(1) Aの長さを求めなさい。　　**UP!!**(2) この直方体の体積を求めなさい。
□

答え（　　　　　cm）　　　　　答え（　　　　　cm³）

26 角柱・円柱の表面積・体積

例題 直方体から，合同な三角形を底面とする4つの三角柱を切り取ってできた六角柱の表面積，体積を求めなさい。

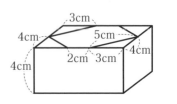

解説 解く手順を確認しましょう。（　）にはあてはまる数を，〔　〕には式を書きましょう。

ステップ① 底面の面積を求めましょう。

この直方体を真上から見た図は，右の図のようになる。

4つの三角形は合同なので，直方体の底面の縦の長さは，

(式)〔①　　　　　　　　　　　　　　　〕(cm)

横の長さは，

(式)〔②　　　　　　　　　　　　　　　〕(cm)

六角柱の底面の六角形の面積を求めると，

(式)〔③　　　　　　　　　　　　　　　〕(cm²)

ステップ② 底面のまわりの長さを考え，側面積を求めましょう。

側面全体は，長方形であり，縦の長さが六角柱の高さ，横の長さが底面の六角形のまわりの長さである。六角形のまわりの長さは，

(式)〔④　　　　　　　　　　　　　　　〕(cm)

よって，六角柱の側面積は，

(式)〔⑤　　　　　　　　　　　　　　　〕(cm²)

解法のポイント
底面のまわりの長さを求める。

ステップ③ 六角柱の表面積，体積を求めましょう。

表面積は，**ステップ①** で求めた底面積2つ分と **ステップ②** で求めた側面積からなるので，

(式)〔⑥　　　　　　　　　　　　　　　〕(cm²)

体積は，底面積に高さをかければ求められるので，

(式)〔⑦　　　　　　　　　　　　　　　〕(cm³)

答え（表面積 ⑧　　　　　cm², 体積 ⑨　　　　　cm³）

覚えておこう！

- **柱体の表面積**
  底面積×2＋底面のまわりの長さ×高さ

- **柱体の体積**
  底面積×高さ

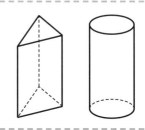

答え
① 4×2＝8　② 3×2＋2＝8　③ 8×8－3×4÷2×4＝40　④ 5×4＋2×2＝24
⑤ 24×4＝96　⑥ 40×2＋96＝176　⑦ 40×4＝160　⑧ 176cm²　⑨ 160cm³

1 次の立体図形の表面積，体積を求めなさい。ただし，円周率は 3.14 とする。

□(1)　底面は半径6cmのおうぎ形

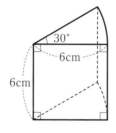

答え（表面積　　　　　cm²）
　　（体積　　　　　　cm³）

□(2)　直方体と三角柱2つを組み合わせた
　　立体　　　　　　　（神戸山手女子中・改）

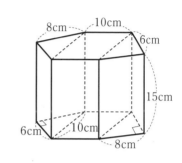

答え（表面積　　　　　cm²）
　　（体積　　　　　　cm³）

UP!!(3)　底面の半径が4cm，高さが10cmの
□　円柱から底面の半径が4cm，高さが
　6cmの円柱の4分の1を2つ切り取っ
　た立体　　　　　　（横浜共立学園中・改）

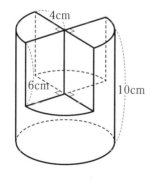

答え（表面積　　　　　cm²）
　　（体積　　　　　　cm³）

UP!!(4)　底面の半径が2cmの立体をななめに
□　切ってつなげた立体　　（甲南中・改）

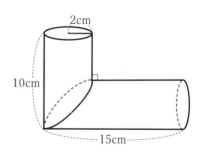

答え（表面積　　　　　cm²）
　　（体積　　　　　　cm³）

27 角すい・円すいの表面積・体積

例題 次の図の表面積と体積を求めなさい。ただし，円周率は3.14とする。

(1) 1辺18cmの正方形を図のように折るとできる三角すい

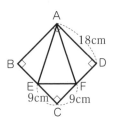

(2) 円すい

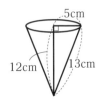

解説 解く手順を確認しましょう。（　）にはあてはまる数を，〔　〕には式を書きましょう。

(1)

ステップ❶ 展開図の正方形から表面積を求めましょう。

（式）〔①　　　　　　　　　　　　　　　　　〕(cm²)

〔A〕ステップ❷ 底面積に高さをかけて3でわり，体積を求めましょう。

（式）〔②　　　　　　　　　　　　　　　　　〕(cm³)

答え（③　表面積　　　　　　cm²，体積　　　　　　cm³)

解法のポイント
展開図の面積は，立体の表面積と等しい。

(2)

ステップ❶ 底面積を求めましょう。

（式）〔④　　　　　　　　　　　　　　　　　〕(cm²)

〔B〕ステップ❷ 側面のおうぎ形の面積を求めましょう。

（式）〔⑤　　　　　　　　　　　　　　　　　〕(cm²)

ステップ❸ 底面積と側面積をたして全体の表面積を求めましょう。

（式）〔⑥　　　　　　　　　　　　　　　　　〕(cm²)

〔A〕ステップ❹ 底面積に高さをかけて3でわり，体積を求めましょう。

（式）〔⑦　　　　　　　　　　　　　　　　　〕(cm³)

答え（⑧　表面積　　　　　　cm²，体積　　　　　　cm³)

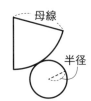

覚えておこう！

[A] 角すい・円すいの体積

底面積×高さ÷3　が成り立つ。

[B] 円すいの側面のおうぎ形の面積

母線×母線×円周率× $\dfrac{半径}{母線}$ が成り立つ。

答え ① $18 \times 18 = 324$ ② $(9 \times 9 \div 2) \times 18 \div 3 = 243$ ③ 表面積 324cm² 体積 243cm³
④ $5 \times 5 \times 3.14 = 78.5$ ⑤ $13 \times 13 \times 3.14 \times \dfrac{5}{13} = 204.1$ ⑥ $78.5 + 204.1 = 282.6$
⑦ $78.5 \times 12 \div 3 = 314$ ⑧ 表面積 282.6cm² 体積 314cm³

1 次の値を求めなさい。ただし，円周率は3.14とする。

☐(1) 四角すいの体積が36cm³であるとき
高さxの長さ

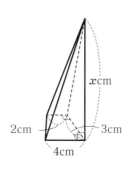

答え（　　　　　cm）

☐(2) 円すいの表面積

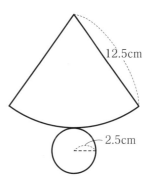

答え（　　　　　cm²）

UP!! (3) PQ＝12cm，PS＝20cmの長方形
☐ の紙があり，図のように点AはPQ，
点CはSRの真ん中の点，DS＝9.1cm
にして，三角形DCSと三角形BRCを
切りとった。残ったもので三角すいを
つくったときの三角すいDCBAの体積

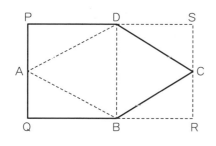

答え（　　　　　cm³）

☐(4) 三角すいACFHの体積

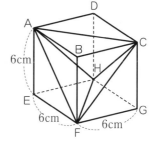

答え（　　　　　cm³）

28 組み合わせた立体の表面積・体積

例題 右の立体は，いくつかの直方体を組み合わせた立体です。

次の問いに答えなさい。

(1) この立体の体積は何cm³か求めなさい。

(2) この立体の表面積は何cm²か求めなさい。

(筑柴女学園中)

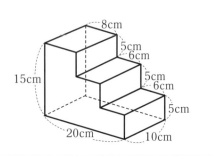

解説 解く手順を確認しましょう。（　）にはあてはまる数を，〔　〕には式を書きましょう。

(1) **ステップ①** 底面積（右の図の色のついている面）を求めましょう。

(式)〔①　　　　　　　　　　　　　　　　　〕(cm²)

(A) **ステップ②** 計算して体積を求めましょう。

(式)〔②　　　　　　　　　　　　　　　　　〕(cm³)

答え（③　　　　　cm³）

(2) **(B)** **ステップ①** 側面の面積を求めましょう。

この立体の展開図をかくと右の図のようになる。

側面の長方形の横の長さは，底面の周の長さと同じで，

(式)〔④　　　　　　　　　　　　　　　　　〕(cm)

よって，側面の長方形の面積は，

(式)〔⑤　　　　　　　　　　　　　　　　　〕(cm²)

ステップ② 底面積2つ分と⑤で求めた面積をたしましょう。

(1)の**ステップ①**で求めた底面積2つ分と，(2)の**ステップ①**で求めた側面の面積を合わせて，

(式)〔⑥　　　　　　　　　　　　　　　　　〕(cm²)

答え（⑦　　　　　cm²）

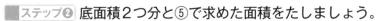

🔍 **覚えておこう！**

(A)複雑な柱体の体積

複雑な形の図形でも，柱体であれば，底面積×高さ　が成り立つ。

(B)柱体の側面積

柱体の高さ×底面の周の長さ　が成り立つ。

 答え ① 8×15＋6×10＋6×5＝210　② 210×10＝2100　③ 2100cm³
④ 15＋8＋5＋6＋5＋6＋5＋20＝70　⑤ 10×70＝700　⑥ 210＋210＋700＝1120cm²
⑦ 1120cm²

1 次の問いに答えなさい。ただし，円周率は3.14とする。

□(1) 図のように台形を底面とする高さ6cmの角柱に，直径4cmの半円を底面とする高さが等しい角柱を重ねたとき，この立体の表面積と体積を求めなさい。

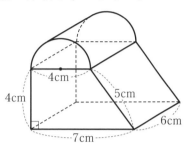

答え（表面積　　　　　cm², 体積　　　　　cm³）

(2) 左図のおうぎ形を柱にしたものに，半径1cm高さ3cmの円柱をのせたものが右図である。右図の表面積を求めなさい。

（報徳学園中・改）

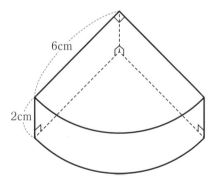

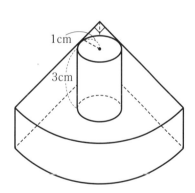

答え（　　　　　cm²）

29 へこんだ立体の表面積・体積

（月 日）

例題 一辺が20cmの立方体がある。その立体に，図のように面の中心に一辺が6cmの正方形の穴を2つあける。このとき，体積を求めなさい。 （海星中・改）

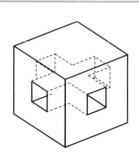

解説 解く手順を確認しましょう。（ ）にはあてはまる数を，〔 〕には式を書きましょう。

ステップ❶ 立方体の体積を求めましょう。

（式）〔① 〕(cm³)

ステップ❷ あけた穴1つ分の体積を求めましょう。

（式）〔② 〕(cm³)

☞ **ステップ❸** 立方体の体積からあけた穴2つ分の体積をひきましょう。

（式）〔③ 〕(cm³)

☞ **ステップ❹** 二つの穴が重なっている部分の体積を求めましょう。

（式）〔④ 〕(cm³)

☞ **ステップ❺** ③に④をたしましょう。

ステップ❸ では，**ステップ❹** で求めた重なっている部分の体積を2個分ひいているので，1個分をたす。

（式）〔⑤ 〕(cm³)

答え（⑥ cm³）

☞解法のポイント

一度，重なりを考えずにひき算し，重なっている部分は最後にたす。

 = 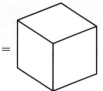 − − +

答え ① $20 \times 20 \times 20 = 8000$ ② $6 \times 6 \times 20 = 720$ ③ $8000 - 720 - 720 = 6560$
④ $6 \times 6 \times 6 = 216$ ⑤ $6560 + 216 = 6776$ ⑥ $6776cm³$

1 図のように半径6cm，高さ10cmの円柱に，三角すいと円すいのへこみがある。この立体の体積を求めなさい。ただし，円周率は3.14とする。

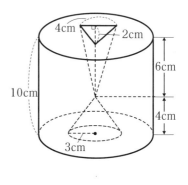

答え（　　　　　cm³）

2 図のように円柱の一部がへこんだ立体がある。このとき次の問いに答えなさい。ただし，円周率は3.14とする。

（同志社女子中・改）

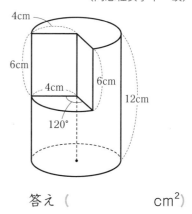

☐(1)　この立体の表面積を求めなさい。

答え（　　　　　cm²）

☐(2)　この立体の体積を求めなさい。

答え（　　　　　cm³）

30 体積比と相似比

例題

右の四角すい台ADEH－BCFGの体積を求めなさい。

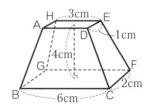

解説　解く手順を確認しましょう。（　）にはあてはまることばや数を，〔　〕には式を書きましょう。

(1)

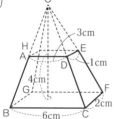

解法のポイント
補助線を引いて，四角すいをつくる。

✋ **ステップ❶** 補助線を引きましょう。
辺AB，辺DC，辺EF，辺HGを延長し，その交点を点Oとする。

👁 **ステップ❷** 四角すいO－ADEHの高さを求めましょう。
O－BCFGとO－ADEHの相似比は，辺BCと辺ADの比と同じなので，
BC：AD＝（①　　　：　　　）
よって，O－ADEHの高さは，（②　　　cm）

ステップ❸ 四角すいO－BCFGの体積を求めましょう。
（式）〔③　　　　　　　　　　　　　　　　　〕(cm³)

ステップ❹ 四角すいO－ADEHの体積を求めましょう。
（式）〔④　　　　　　　　　　　　　　　　　〕(cm³)

👁 **ステップ❺** 四角すい台ADEH－BCFGの体積を求めましょう。
四角すい台ADEH－BCFG＝四角すい（⑤　　　　　）－四角すい（⑥　　　　　）なので，
四角すい台の面積は，
（式）〔⑦　　　　　　　　　　　　　　　　　　　　　　〕(cm³)
答え（⑧　　　　　　cm³）

💡 **覚えておこう！**

・四角すい台＝大きな四角すい－小さな四角すい

 ＝   －

答え │ ① 2：1　② 4cm　③ 6×2×(4＋4)÷3＝32　④ 3×1×4÷3＝4
　　　　│ ⑤ O－BCFG　⑥ O－ADEH　⑦ 32－4＝28　⑧ 28cm³

次の値を求めなさい。ただし，円周率は3.14とする。

(1) 図の四角すいアと四角すいイが相似で，体積がそれぞれ144cm³，18cm³のとき，辺EFの長さを求めなさい。

(2) 図の円すいアと円すいイが相似で，体積がそれぞれ1526.04cm³，56.52cm³のとき，円すいイの高さを求めなさい。

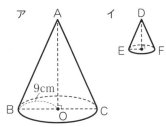

解説 解く手順を確認しましょう。（　）にはあてはまる数を，〔　〕には式を書きましょう。

(1) **ステップ❶** 四角すいアと四角すいイの体積比を求めましょう。

四角すいアと四角すいイの体積比は，
144：18＝（①　　：　　）

ステップ❷ 体積比から相似比を求めましょう。

体積比が①のようになるとき，相似比は
（②　　：　　）となる。

ステップ❸ 辺EFの長さを求めましょう。

（式）〔③　　　　　　　　　　〕(cm)

答え（④　　　　　cm）

> **覚えておこう！**
>
> ・体積比と相似比の関係
>
> 相似比がa：bのとき
> 体積比は，
>
> (a×a×a)：(b×b×b)
>
> ⓐ　　　ⓑ

(2) **ステップ❶** 円すいアと円すいイの体積比を求めましょう。

円すいアと円すいイの体積比は，
1526.04：56.52＝（⑤　　：　　）

ステップ❷ 体積比から相似比を求めましょう。

体積比が⑤のようになるとき，相似比は（⑥　　：　　）

ステップ❸ 円すいイの底面の半径を求めましょう。

相似比は⑥なので，円すいイの底面の半径は，

（式）〔⑦　　　　　　　　　　　　　　　　〕(cm)

> **解法のポイント**
>
> 円の体積や面積の比を簡単な比にするときは，まず，円周率である3.14でわる。

ステップ❹ 円すいイの高さを求めましょう。

円すいイの底面積は，　（式）〔⑧　　　　　　　　　　　　〕(cm²)

体積は56.52cm³なので，円すいイの高さは，

（式）〔⑨　　　　　　　　　〕(cm)　　　答え（⑩　　　　　cm）

答え ① 8：1 ② 2：1 ③ 6×1/2＝3 ④ 3cm ⑤ 27：1 ⑥ 3：1 ⑦ 9×1/3＝3
⑧ 3×3×3.14＝28.26 ⑨ 56.52÷28.26×3＝6 ⑩ 6cm

練習問題

1 次の問いに答えなさい。ただし，円周率は3.14とする。

□(1) 角すい台ABCD－EFGHの体積を求めなさい。

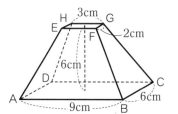

□(2) 角すい台ABCD－EFGHの体積を求めなさい。

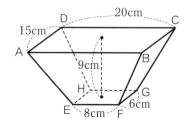

答え（　　　　cm³）

答え（　　　　cm³）

□(3) 下の円すい台の体積を求めなさい。

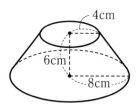

□(4) 直線ℓのまわりに1回転してできる立体の体積を求めなさい。

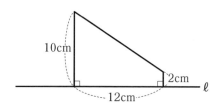

答え（　　　　cm³）

答え（　　　　cm³）

2 次の問いに答えなさい。ただし，円周率は3.14とする。

□(1) 角すい台EFGH－ABCDの体積が 665cm³，角すいO－EFGHの体積が 64cm³であるとき，AB：EFを求めなさい。

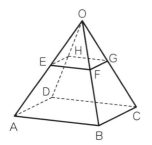

答え （　　　：　　　）

□(2) 円すいアの体積が3cm³，円すい台 イの体積が21cm³，円すい台ウの体積 が57cm³であるとき，OA：AB：BC を求めなさい。

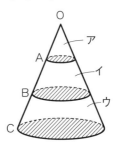

答え （　　：　　：　　）

(3) 円柱Aと円柱Bを比べると，円柱A は底面の半径が円柱Bの $\frac{2}{3}$ 倍で，高さが 円柱Bの6倍です。円柱Aの体積は円 柱Bの体積の何倍ですか。 （茗渓学園中）

答え （　　　倍）

□(4) 下の図において，アの体積が512cm³ のとき，アとイの高さの比を最も簡単 な比で答えなさい。ただし，アとイの 底面はどちらも切り口の正方形としま す。
（智弁学園中・改）

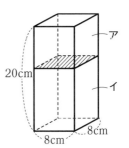

答え （　　：　　）

●25~30 まとめ問題

76 ～ 89ページ
解答は別冊39ページ

月　　日

1 次の問いに答えなさい。ただし，円周率は3.14とする。

□(1)　一辺が5.2cmの立方体の表面積と体積を求めなさい。

答え（表面積　　　　　cm²）
　　　（体積　　　　　　cm³）

□(2)　直方体Aの表面積は直方体Bの表面積より132cm²小さく，Aの高さはBの高さより2cm高いとき，Aの高さを求めなさい。
（帝京大学中）

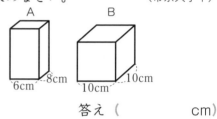

答え（　　　　　cm）

□(3)　底面が一辺2cmの正六角形で高さが5cmの六角柱の体積は，底面が一辺1cmの正三角形で高さが5cmの三角柱の体積の何倍か求めなさい。
（成田高等学校付属中・改）

答え（　　　　倍）

□(4)　長方形と円の一部を組み合わせてできた下の展開図を組み立ててできる立体の体積を求めなさい。
（日本女子大学附属中）

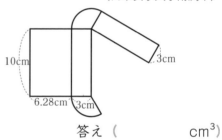

答え（　　　　　cm³）

□(5)　一辺が20cmの正方形ABCDの辺AB，BCの真ん中の点をそれぞれM，Nとする。この正方形ABCDをMN，ND，DMを折れ線にして折るとできる立体の体積を求めなさい。　（岡山白陵中）

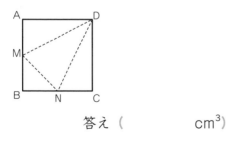

答え（　　　　　cm³）

□(6)　三角形ABCを直線ℓにそって3cm移動した三角形DEFがある。このとき，しゃ線部分の図形を直線ℓのまわりに1回転させてできる立体の体積を求めなさい。
（桐光学園中）

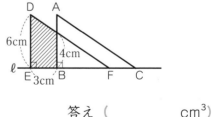

答え（　　　　　cm³）

2 次の問いに答えなさい。ただし，円周率は3.14とする。

☐(1) 表面積が718cm²のとき，この立体の体積を求めなさい。

（大阪教育大学附属平野中）

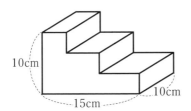

10cm

15cm   10cm

☐(2) 底面の円の半径と高さがともに3cmの円すい2つと，底面の円の半径と高さがともに3cmの円柱がたくさんある。これらをいくつかつなげた立体の体積が989.1cm³となったとき，この立体は円すいと円柱をいくつつなげたものか求めなさい。 （名古屋中・改）

答え（   cm³）

答え（円すい：   個，円柱：   個）

☐(3) 直方体と，底面の半径が同じ円柱の $\frac{1}{4}$ を2つはり合わせた下の立体の表面積と体積を求めなさい。 （京都聖母学院中）

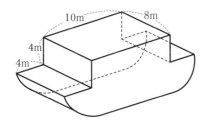

10m   8m

4m

4m

☐(4) 高さ5cmの円柱3つを重ねた立体があり，それぞれ下の段の底面の半径は上の段の底面の半径の1.5倍である。この立体を，3つの円柱の底面の中心を通るように2等分すると，断面積は380cm²になった。もとの立体の体積を求めなさい。

（桃山学院中・改）

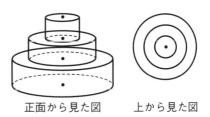

正面から見た図   上から見た図

答え（表面積   m²）
　　（体積   m³）

答え（   cm³）

31 展開図

月　　日

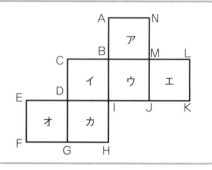

例題

次の展開図を組み立てた立方体について，次の問い
に答えなさい。

(1) アの面に平行な面

(2) 辺JKと重なる辺

解説

解く手順を確認しましょう。（　　）にはあてはまることばを，〔　　〕には式を
書きましょう。

(1) **ステップ①** 展開図を組み立てましょう。

図のように，アの面がいちばん上，ウの面がいちばん手前になるように立方体を組み
立てる。

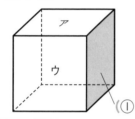

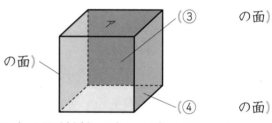

（②　　　　の面）

（①　　　　の面）

（③　　　　の面）

（④　　　　の面）

ステップ② 立方体をもとに，アの面と平行になる面がどれになるか考えましょう。

立方体において，平行になる面は向かい合う面であり，アの面と向かい合うのは底面
の（⑤　　　　の面）である。

答え（⑥　　　　の面）

(2) **ステップ①** エの面の各辺が，どの面とつながっているか注目しましょう。

エの面ととなり合う面は，上の図よりア，ウ，オ，カの面であり，エの面はウの面と
辺（⑦　　　　）で接し，エの面の辺MLとアの面の辺（⑧　　　　）が重なり，エ
の面の辺LKとオの面の辺（⑨　　　　）が重なる。同じように考えると，エの面の
辺JKはカの面の辺（⑩　　　　）に重なる。

答え（⑪辺　　　　）

💡 覚えておこう！

・いちばん上の面に平行な面と垂直な面

平行な面＝向かい合う面（底面）　　垂直な面＝側面

立方体はすべての面が垂直に接するので，上に記したことが成り立つ。

 答え　① エの面　　② イの面　　③ オの面　　④ カの面　　⑤ カの面
⑥ カの面　　⑦ MJ　　⑧ MN　　⑨ FG　　⑩ HG　　⑪ 辺HG

練習問題

1 立体を参考にして，指定された文字や記号を，向きも考えて展開図に書きなさい。

□(1)　×マーク

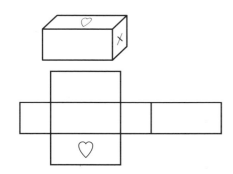

□(2)　♪マーク

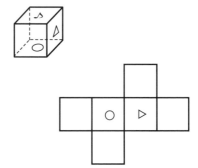

□(3)　Bの文字　　　　　　　（桐蔭学園中）

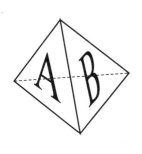

□(4)　のこり2本の線

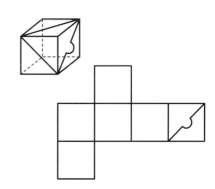

(5)　三角形DAC　　　　　　　（三田学園中）

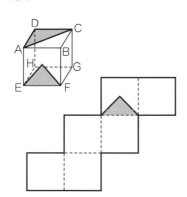

□(6)　2本の矢印　　　　　　　（滝川中）

32 ▶ 図形の回転

月　　日

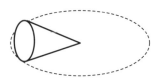

例題

底面の半径が2cmの円すいを，すべらないように平面上でころがすと，円をえがいて3回転してもとの位置にもどった。このとき，次の値を求めなさい。ただし，円周率は3.14とする。

(1) 円すいの母線の長さ
(2) 転がしてできた円の円周の長さ

解説　解く手順を確認しましょう。( )にはあてはまることばや数を，〔 〕には式を書きましょう。

(1) **ステップ❶** 等しくなる長さに注目しましょう。

母線を半径とする円の円周と，円すいの底面の円周に円すいの回転数をかけたものは (① 　　　　　) 値となる。

ステップ❷ 母線の長さを□cmとして，式を立てて計算しましょう。

(式)〔② 　　　　　　　　　　　　　　　　〕

より，(③ 　□＝ 　　　　　) とわかる。

答え (④ 　　　　　　cm)

(2) **ステップ❶** 求める円周の半径となる部分について考えましょう。

えがかれた円の半径となる部分は，円すいの (⑤ 　　　　　　) の長さと同じになる。

ステップ❷ ステップ1を利用して円周の長さを計算しましょう。

(式)〔⑥ 　　　　　　　　　　　　　　　　　　〕(cm)

答え (⑦ 　　　　　cm)

 覚えておこう！

・円すいを転がすときに成り立つ式。

　母線を半径とした円の円周＝底面の円周×回転数

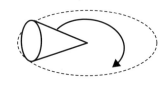

答え ① 同じ　② □×2×3.14＝2×2×3.14×3　③ □＝6　④ 6cm　⑤ 母線
⑥ 6×2×3.14＝37.68　⑦ 37.68cm

1 円すいをねかせてころがすとき，次の面積を答えなさい。

☐(1) 母線の長さが18cmの円すいの底面
が3回転してもとの位置にもどったと
きの円すいの底面積

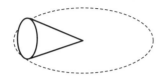

答え（　　　　　cm²）

☐(2) 底面の半径が4cmの円すいが2.5回
転してもとの位置にもどったときの円
すいの側面積

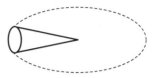

答え（　　　　　cm²）

☐(3) 母線の長さが6cm，底面の半径が
2cmの円すいが何回転かしてもとの位
置にもどったときの円すいの表面積

答え（　　　　　cm²）

☐(4) 底面の半径が6cmの円すいが2回転
してもとの位置にもどったときの円す
いの表面積

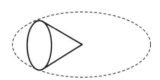

答え（　　　　　cm²）

☐(5) 母線の長さが12cmの円すいが3回
転してもとの位置にもどったときの円
すいの側面積

答え（　　　　　cm²）

☐(6) 母線の長さが30cmの円すいの底面
が2.5回転してもとの位置にもどった
ときの円すいの底面積

答え（　　　　　cm²）

33 円すい台・角すい台

例題

次の図を直線 ℓ のまわりに回転させてできる立体の体積を求めなさい。ただし，円周率は3.14とする。

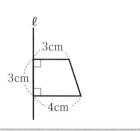

解説　解く手順を確認しましょう。（　　）にはあてはまる数を，〔　　〕には式を書きましょう。

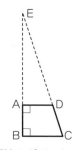

🖐️ **ステップ❶** 延長線を引いて相似な三角形をつくりましょう。

左図において，辺BAと辺CDの延長線上で交わる点を点Eとすると，三角形EADと三角形EBCが相似であるので，AD：BC＝（①　　：　　）より，EA：EB＝（②　　：　　）。

ABの長さが3cmであることに注目すると，EAの長さは，

(式)〔③　　　　　　　　　　　　　　　〕(cm)

─🖐️ 解法のポイント─
相似な三角形をつくる。

🖐️ **ステップ❷** 回転させてできた立体について考えましょう。

図形を直線 ℓ のまわりに回転させてできる立体は左図のような円すい台になる。小さな円すいと大きな円すいの相似比は（④　　：　　）であるので，体積比は，

(式)〔⑤　　　　　　　　　　　　　　　〕

求める体積は，大きな円すいの

(式)〔⑥　　　　　　　　　　　　　　　〕(倍)

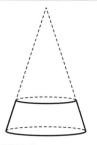

🔍 **ステップ❸** 体積を計算して求めましょう。

(式)〔⑦　　　　　　　　　　　　　　　〕(cm³)

答え（⑧　　　　　cm³)

💡 **覚えておこう！**

・円すい台の体積は，相似比によって得られる体積比を用いても求められる。

相似比がA：Bのとき，体積比は（A×A×A）：（B×B×B）となる。

円すい台の上の面の半径をAcm，下面の半径をBcmとすると，

点線部の小さい円すいの体積：円すい台の体積
＝（A×A×A）：（B×B×B－A×A×A）

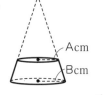

答え　① 3：4　② 3：4　③ $3×\frac{3}{4-3}=9$　④ 3：4　⑤ $(3×3×3)：(4×4×4)=27：64$
⑥ $(64-27)÷64=\frac{37}{64}$　⑦ $4×4×3.14×(9+3)÷3×\frac{37}{64}=116.18$　⑧ 116.18cm³

練習問題

1 次の(1)～(3)は立体の体積を，(4)～(6)は立体の表面積を求めなさい。ただし，円周率は 3.14 とする。

☐(1)

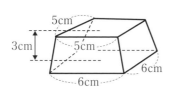

答え（　　　　　 cm³）

☐(2)

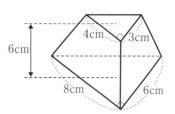

答え（　　　　　 cm³）

☐(3)

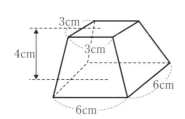

答え（　　　　　 cm³）

☐(4)　（同志社香里中）

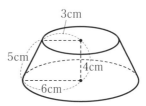

答え（　　　　　 cm²）

☐(5)

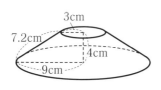

答え（　　　　　 cm²）

(6) 辺DCを軸に一回転してできた図形

（須磨学園中）

A 2cm D
9cm
B 4cm C

答え（　　　　　 cm²）

34 ▶ 立体の積み重ね

例題

次の図は，一辺が1cmの立方体を積み重ねた図です。それぞれの体積と表面積を求めなさい。

(1)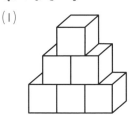

(2)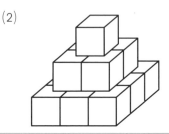

解説 解く手順を確認しましょう。（　　）にはあてはまる数を，〔　　〕には式を書きましょう。

(1) ■**ステップ❶** 立方体の個数と立方体1個分の体積を求めましょう。

（式）〔① 　　　　　　　　　　　　　　　　　　　　　〕(個)

（式）〔② 　　　　　　　　　　　　　　　　　　　　　〕(cm³)

■**ステップ❷** 立体の体積を求めましょう。

（式）〔③ 　　　　　　　　　　　　　　　　　　　　　〕(cm³)

👆■**ステップ❸** 立体の側面積および，底面積と上面の面積の合計を求めましょう。

側面積：（式）〔④ 　　　　　　　　　　　　　　〕(cm²)

底面積と上面の面積の合計：（式）〔⑤ 　　　　　　〕(cm²)

■**ステップ❹** 立体の表面積の合計を求めましょう。

（式）〔⑥ 　　　　　　　　　　　　　　〕(cm²)

答え（⑦ 体積　　　　 cm³，表面積　　　　 cm²)

> 👆**解法のポイント**
> ピラミッド型の立体の，上面の面積は，底面積と同じ場合が多い。

(2) ■**ステップ❶** 立方体の個数と立方体1個分の体積を求めましょう。

（式）〔⑧ 　　　　　　　　　　　　　　　　　　　　　〕(個)

（式）〔⑨ 　　　　　　　　　　　　　　　　　　　　　〕(cm³)

■**ステップ❷** 立体の体積を求めましょう。

（式）〔⑩ 　　　　　　　　　　　　　　　　　　　　　〕(cm³)

👆■**ステップ❸** 立体の側面積，底面積と上面の面積の合計を求めましょう。

側面積：（式）〔⑪ 　　　　　　　　　　　　〕(cm²)

底面積と上面の面積の合計：（式）〔⑫ 　　　　　　〕(cm²)

■**ステップ❹** 立体の表面積の合計を求めましょう。

（式）〔⑬ 　　　　　　　　　　　　　　　　〕(cm²)

答え（⑭ 体積　　　　　 cm³，表面積　　　　 cm²)

答え ①1＋2＋3＝6　②1×1×1＝1　③1×6＝6　④6＋3＋6＋3＝18　⑤3＋3＝6
⑥18＋6＝24　⑦6cm³，24cm²　⑧1＋2×2＋3×3＝14　⑨1×1×1＝1　⑩1×14＝14
⑪(1＋2＋3)×4＝24　⑫3×3×2＝18　⑬24＋18＝42　⑭14cm³，42cm²

1 次の立体の体積と表面積を求めなさい。

UP!! □(1)　直方体を組み合わせた立体　　　　　　□(2)　一辺2cmの立方体を組み合わせた立体

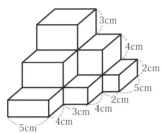

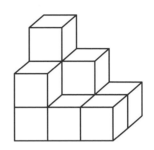

　　　　答え（体積　　　　　　cm³)　　　　　　　　答え（体積　　　　　　cm³)
　　　　　　（表面積　　　　　　cm²)　　　　　　　　　　（表面積　　　　　　cm²)

2 右の図のように1辺2cmの小さな立方体を組み合わせて1辺8cmの大きな立方体をつくった。この大きな立方体のすべての表面に赤色をぬったとき，次の問いに答えなさい。

(日本大学第三中・改)

□(1)　赤色でぬられた部分の面積の合計は何cm²か。

　　　　　　　　　　答え（　　　　　cm²)

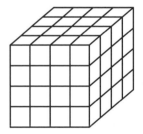

□(2)　1面だけ赤色でぬられた小さな立方体は何個か。

　　　　　　　　　　答え（　　　　個)

□(3)　赤い面が1つもない小さな立方体は何個か。

　　　　　　　　　　　　　　　　答え（　　　　個)

□(4)　2面だけが赤い小さな立方体は何個か。

　　　　　　　　　　　　　　　　答え（　　　　個)

UP!! □(5)　2面以上を赤色でぬられた小さな立方体は取りのぞき，残りの小さな立方体は位置がずれないように固定した。できあがった立体の表面積は何cm²か。

　　　　　　　　　　　　　　　　答え（　　　　cm²)

35 ▶ 立体のくりぬき

（月 日）

例題 次の図は，一辺が1cmの立方体を組み合わせたものである。立方体がいくつあるのか求めなさい。ただし，黒い部分は反対側までくりぬかれているものとし，この立体はくずれないものとする。

(1)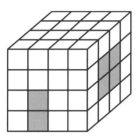

(2)

解説 解く手順を確認しましょう。（　）にはあてはまる数を，〔　〕には式を書きましょう。

(1) ステップ❶ 右下の図を見て，下から1段ずつ立方体が何個あるのか数えましょう。

1段目：(式)〔①　　　　　　　〕(個)
2段目：(式)〔②　　　　　　　〕(個)
3段目：(式)〔③　　　　　　　〕(個)
4段目：(式)〔④　　　　　　　〕(個)

ステップ❷ 合計を求めましょう。

(式)〔⑤　　　　　　　〕(個)

答え（⑥　　　個）

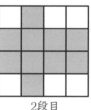
2段目　　3段目

(2) ステップ❶ 右下の図を見て，下から1段ずつ立方体が何個あるのか数えましょう。

1段目：(式)〔⑦　　　　　　　〕(個)
2段目：(式)〔⑧　　　　　　　〕(個)
3段目：(式)〔⑨　　　　　　　〕(個)

ステップ❷ 合計を求めましょう。

(式)〔⑩　　　　　　　〕(個)

答え（⑪　　　個）

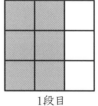 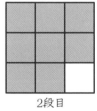
1段目　　2段目

覚えておこう！

・複雑にくりぬかれた立体
立方体の個数を，1段ずつ分けて考える。

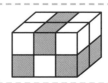
1段目　2段目

答え ① 4×4−4＝12　② 4×4−8−2＝6　③ 4×4−2×4＝8　④ 4×4＝16
⑤ 12＋6＋8＋16＝42　⑥ 42個　⑦ 3×3−6＝3　⑧ 3×3−8＝1
⑨ 3×3−1＝8　⑩ 3＋1＋8＝12　⑪ 12個

1 次の図は，一辺が1cmの立方体を組み合わせたものである。立方体がいくつあるのか求めなさい。

□(1)

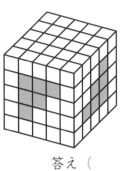

答え（　　　　　個）

□(2)

答え（　　　　　個）

2 縦の長さが8cm，横の長さが8cm，高さが12cmの直方体があるとき，次の問いに答えなさい。ただし，円周率は3.14とする。　　　　　　　　　　　　　　　　　（岡山中）

□(1)　この直方体を縦の長さが4cm，横の長さが4cmの直方体で上下にくりぬいて，図1のような立体をつくる。図2は，図1を真上から見た図である。図1の立体の表面積を求めなさい。　　　　　　　　　　　　　　　　　　　　　　　答え（　　　　　cm²）

UP!! □(2)　図1の立体から底面の半径が2cmの円柱を左右にくりぬいて，図3のような立体をつくる。図4は，図3を左右の面から見た図である。図3の立体の表面積を求めなさい。
　　　　　　　　　　　　　　　　　　　　　　　　　　　　答え（　　　　　cm²）

UP!! □(3)　図3の立体から底面の半径が2cmの円柱を前後にくりぬいて，図5のような立体をつくる。図5を前後の面から見た図も図4のようになるとき，図5の立体の体積を求めなさい。
　　　　　　　　　　　　　　　　　　　　　　　　　　　　答え（　　　　　cm³）

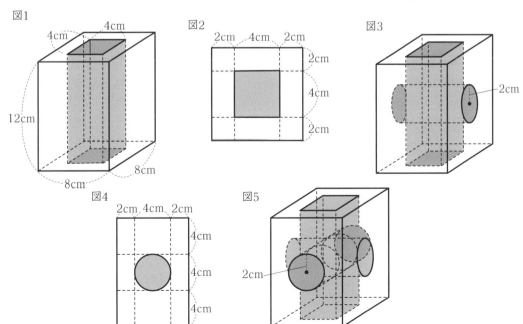

36 最短距離

例題

右の図のような直方体の，点Aから辺BFと辺CGを通って点H
にいく最も短い道のりと辺BFとの交点をI，辺CGとの交点をJ
とする。このとき，次の問いに答えなさい。

(1) 三角形ABIの面積を求めなさい。

(2) 四角形BIJCの面積を求めなさい。

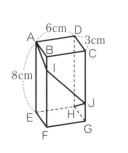

解説 解く手順を確認しましょう。（ ）にはあてはまることばや数を，〔 〕には
式を書きましょう。

(1)

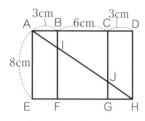

ー解法のポイントー
相似な三角形に着目
する。

■**ステップ❶** 展開図をかいてみましょう。

展開図をかいてみると，左のような図になる。また，最も短い
道のりになるのは，点Aと点Hを直線で結んだときである。

■**ステップ❷** 三角形に着目しましょう。

三角形ABIと三角形HFIは（① ）な三角形であるた
め，BI：FI＝AB：HFが成り立ち，相似比は（② ： ）で
ある。

■**ステップ❸** BIの長さを求めましょう。

（式）〔③ 〕(cm)

■**ステップ❹** 三角形ABIの面積を求めましょう。

（式）〔④ 〕(cm²)

答え （⑤ cm²）

(2) ■**ステップ❶** 三角形に着目しましょう。

三角形ACJと三角形HGJは（⑥ ）な三角形であるため，CJ：GJ＝AC：
HGが成り立ち，相似比は（⑦ ： ）である。

■**ステップ❷** CJの長さを求めましょう。

（式）〔⑧ 〕(cm)

■**ステップ❸** 四角形BIJCの面積を求めましょう。

四角形BIJCは台形である。

（式）〔⑨ 〕(cm²)

答え （⑩ cm²）

答え ① 相似 ② 1：3 ③ $8 \times \frac{1}{4} = 2$ ④ $3 \times 2 \div 2 = 3$ ⑤ 3cm²
⑥ 相似 ⑦ 3：1 ⑧ $8 \times \frac{3}{4} = 6$ ⑨ $(2+6) \times 6 \div 2 = 24$ ⑩ 24cm²

例題 頂点がOで，母線の長さが12cm，底面の半径が1cmの円すいがある。図のように，点Aから側面を1周して母線OAまで来るときの最も短い道のりの長さを求めなさい。

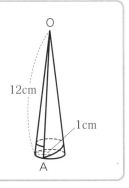

解説 解く手順を確認しましょう。（　　）にはあてはまる数を，〔　　〕には式を書きましょう。

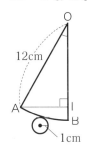

■ステップ❶ 展開図をかきましょう。

展開図をかくと，左の図のようになる。

▶解法のポイント
円すいの側面のおうぎ形の
中心角 $= 360° \times \dfrac{半径}{母線}$

■ステップ❷ おうぎ形の中心角を求めましょう。

（式）〔①　　　　　　　　　　　　　　　　　　　　　　〕

■ステップ❸ 角OAIの大きさを求めましょう。

最も短い道のりが直線であり，角OIAが（②　　　　　　）のときに最も短い道のりになる。このとき，角OAIは（③　　　　　　）である。

■ステップ❹ AIの長さを求めましょう。

AIとOAの比は，（④　　：　　）より，AIの長さは，

（式）〔⑤　　　　　　　　　　　　　　　　　　　　　　〕(cm)

答え（⑥　　　　　　　cm）

💡 覚えておこう！

・正三角形を2等分すると，
60°の角をはさんだ2辺の比が1：2となる。

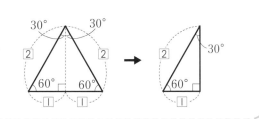

答え ① $360° \times \dfrac{1}{12} = 30°$ ② 90° ③ 60° ④ 1：2 ⑤ 12÷2×1＝6 ⑥ 6cm

練習問題

1 次の問いに答えなさい。

□(1) 下の図のような直方体の, 点Aから
辺BFと辺CGを通って点Hにいく最も
短い道のりと辺BFとの交点をI, 辺
CGとの交点をJとする。このとき,
四角形BIJCの面積を求めなさい。

□(2) 下の図のように, 母線の長さが30cm,
底面の半径が5cmの円すいがある。点
Aから側面を1周してAにもどってく
る線のうちで最も短くなる線の長さを
求めなさい。

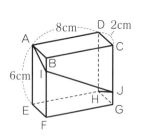

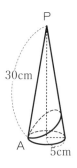

答え (cm²)

答え (cm)

2 図のように直方体ABCD－EFGHの辺DC上に点Iを, 辺CG上に点Jをとる。点Pは
辺EF上の点であり, 点Jから辺BF上を通ってPまで最も短くなるように線を引き,
その線と辺BFが交わる点をQとする。また, 点Iから辺AB上を通ってPまで最も短
くなるように線を引き, その線と辺ABが交わる点をRとする。このとき, 次の問い
に答えなさい。

(函館ラサール中・改)

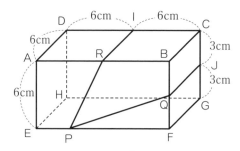

UP!!(1) EPの長さが6cmのとき, FQの長さ
□ を求めなさい。

UP!!(2) EPの長さが1cmのとき, ARの長さ
□ を求めなさい。

答え (cm)

答え (cm)

37 ▶ 立体の切断（切り口）

例題 右の立方体を，3点I，J，Kを通る面で切ったときの切り口を作図しなさい。

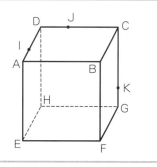

解説 解く手順を確認しましょう。

ステップ① 同じ面の上にある2点を結びましょう。

点Iと点J，点Jと点Kをそれぞれ直線で結ぶ。

> 📖 解法のポイント
> 切り口の線と立方体の辺をそれぞれのばして交点をつくる。

ステップ② 直線JKをのばして，辺HD，辺HGをのばした直線と交わる点を見つけましょう。

切り口の直線JKと辺HD，HGをのばし，交わる点をそれぞれ点P，Qとする。

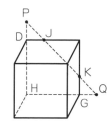

ステップ③ 点Pから点Iに直線を引き，辺HEをのばした線と交わる点を見つけましょう。

直線PI，辺HEをのばし，交わる点を点Rとする。

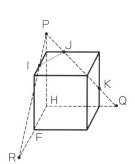

ステップ④ 点Qと点Rを結びましょう。

直線PQ，QR，PRが立方体の辺と交わった点が切り口の図形の頂点となる。

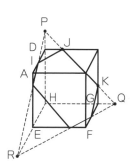

練習問題

1 次の問題に答えなさい。

□(1) 下の図のような立方体を3点D, I, Jを通る平面で切ったときの切り口をかきなさい。

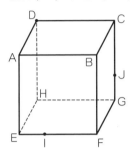

□(2) 下の図のような立方体をABCを通る平面で切ったとき，切り口として正しいものを選びなさい。 (巣鴨中・改)

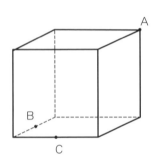

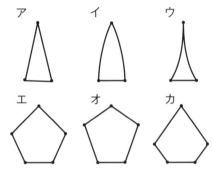

答え（　　　　　）

(3) 下の図のような立方体の辺AB, AD, BFの真ん中の点をそれぞれP, Q, Rとする。
□ この立方体の面に3点P, Q, Rを通る平面で立方体を切るときの切り取り線をかく。正しく切り取り線がかかれた立方体の展開図を次の①～⑥からすべて選び，記号で答えなさい。 (市川中)

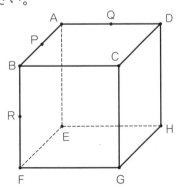

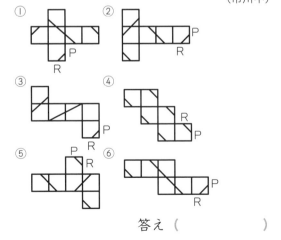

答え（　　　　　）

　　　　　解答は別冊47ページ

例題

右の図は一辺の長さが4cmの立方体で，点M，Nはそれぞれ辺AB，BCの中点である。

(1) 一辺の長さが4cmの立方体から，3点M，N，Fを通る平面で三角すいを切り落としたとき，残った立体の体積を求めなさい。

(2) 切り落とした三角すいの表面積を求めなさい。

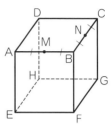

解説

解く手順を確認しましょう。（　　）にはあてはまる数を，〔　　〕には式を書きましょう。

(1)

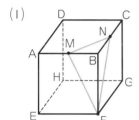

👆■ステップ❶ 切断する立体の底面を三角形MNBとして，三角すいの体積を求めましょう。

（式）〔①　　　　　　　　　　　　　　　　〕(cm³)

■ステップ❷ 立方体の体積を求め，①の体積をひきましょう。

立方体の体積は，（式）〔②　　　　　　　　　〕(cm³)

求める体積は，（式）〔③　　　　　　　　　〕(cm³)

—👆解法のポイント—
切り落とした三角すいの底面を決めて，高さを求める。

答え（④　　　　　cm³）

(2)

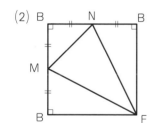

🔍■ステップ❶ 展開図の形を考えましょう。

展開図は，左の図のような正方形になっている。

■ステップ❷ 三角すいの表面積を求めましょう。

左の図の正方形の面積は表面積と等しい。正方形の一辺の長さは辺BFと等しいので，立方体の一辺の長さと等しい。

（式）〔⑤　　　　　　　　　　　　　　　　〕(cm²)

答え（⑥　　　　　cm²）

 覚えておこう！

・立方体を切断したとき，展開図が正方形となる特別な三角すいがある。

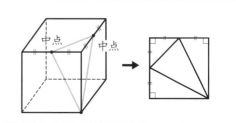

答え ① $2×2÷2×4÷3=\dfrac{8}{3}$　② $4×4×4=64$　③ $64-\dfrac{8}{3}=\dfrac{184}{3}$　④ $\dfrac{184}{3}$ cm³
⑤ $4×4=16$　⑥ 16cm²

107

練習問題

1 次の体積を求めなさい。

□(1)　立方体から，3点A，C，Fを通る平面で三角すいを切り取っ
　　　たとき，残った立体の体積を求めなさい。

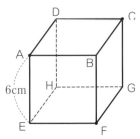

答え（　　　　　cm³）

□(2)　立方体から，点A，B，M，Fを頂点とする三角すい，点A，
　　　D，N，Hを頂点とする三角すい，点M，C，N，Gを頂点とす
　　　る三角すいの3つの立体を切り取ったとき，残った立体の体積
　　　を求めなさい。

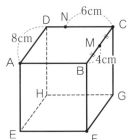

答え（　　　　　cm³）

□(3)　右の図は一辺が12cmの立方体で，点Pは辺AEの中点であ
　　　る。3点A，C，Fを通る平面で立方体を切断した後，残された
　　　立体をさらに3点D，F，Pを通る平面で切り分けたとき，点A
　　　をふくむ立体の体積を求めなさい。

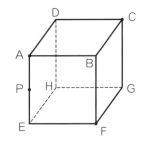

答え（　　　　　cm³）

□(4)　右の図の立方体ABCD－EFGHは，一辺の長さが2cmで，
　　　辺AB，CD，GHの真ん中の点をそれぞれK，L，Mとする。こ
　　　のとき，次の問いに答えなさい。　　　　（江戸川学園取手中）

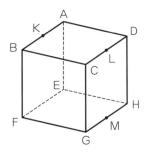

①　3点D，K，Mを通る平面でこの立方体を切ったときの切り口の形を最も適切な形で
　　答えなさい。　　　　　　　　　　　　　　　　　　　答え（　　　　　）

②　3点A，F，Mを通る平面でこの立方体を切ったときの切り口の形を最も適切な形で
　　答えなさい。　　　　　　　　　　　　　　　　　　　答え（　　　　　）

③　三角形KEF，三角形KEL，三角形KFL，三角形LEM，三角形LFM，三角形EFM
　　で囲まれた六面体の体積を求めなさい。　　　答え（　　　　　cm³）

月　　　日

例題

右の図は，ある立体を横から見た様子と上から見た様子の投影図です。

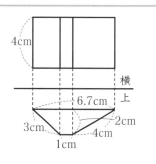

(1) この立体の表面積を求めなさい。

(2) この立体の体積を求めなさい。

解説　解く手順を確認しましょう。（　　　）にはあてはまることばや数を，〔　　　〕には式を書きましょう。

(1)

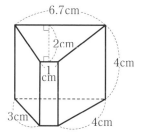

ステップ❶ 立体の種類を判断しましょう。

投影図の様子から，立体が何であるかを調べる。上から見た図では底面の形が，横から見た図では側面の形や立体の高さがわかる。

立体の名前は（①　　　　　　　）。

ステップ❷ 立体の表面積を求めましょう。

上から見た図から，底面の形は台形とわかる。側面は，すべて広げると横に長い長方形になる。

解法のポイント
側面積は，一つの大きな長方形とみて求める。

底面積は，（式）〔②　　　　　　　　　　　　　　〕(cm²)

側面積は，（式）〔③　　　　　　　　　　　　　　〕(cm²)

表面積は，（式）〔④　　　　　　　　　　　　　　〕(cm²)

答え（⑤　　　　　　 cm²）

(2) **ステップ❶ 立体の体積を求めましょう。**

横から見た図より高さがわかる。体積は底面積×高さで求められる。

（式）〔⑥　　　　　　　　　　　　　　　　　　　〕(cm³)

答え（⑦　　　　　　 cm³）

覚えておこう！

・投影図と立体の関係

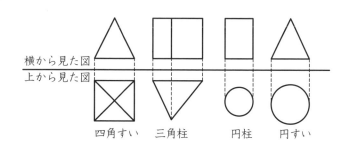

横から見た図
上から見た図

四角すい　　三角柱　　円柱　　円すい

答え ① 四角柱　② (1+6.7)×2÷2=7.7　③ 4×(6.7+3+1+4)=58.8　④ 7.7×2+58.8=74.2　⑤ 74.2cm²　⑥ 7.7×4=30.8　⑦ 30.8cm³

練習問題

1 (1)は表面積を，(2)，(3)は体積を求めなさい。ただし，円周率は3.14とする。

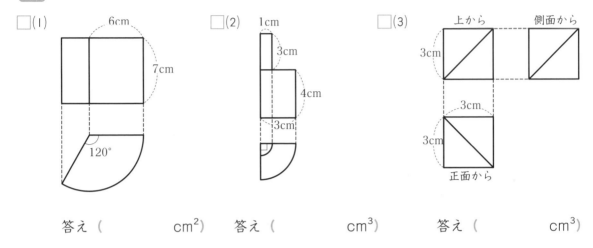

□(1)

□(2)

□(3)
上から　　側面から

正面から

答え（　　　　cm²）　答え（　　　　cm³）　答え（　　　　cm³）

2 ある立体を正面，側面，真上から見るようにした。たとえば《立体A》を正面，側面，真上でみると下の図のようになる。

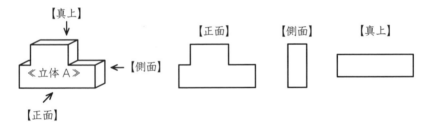

正面，側面，真上から見た形が次のようなとき，できる立体の体積を求めなさい。

（海星中・改）

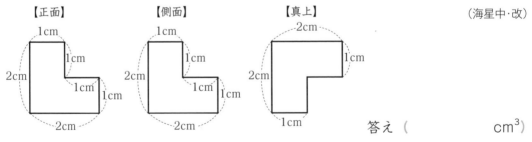

答え（　　　　cm³）

UP!! 3 次の図は，1cmの方眼のますの中に，ある立体を正面，側面，真上から見た形を表したものである。この立体の体積を求めなさい。

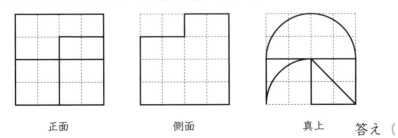

正面　　　　　　側面　　　　　　真上　　答え（　　　　cm³）

1 次の問題に答えなさい。ただし，円周率は3.14とする。

□(1)　右の図のようなさいころの展開図を考える。展開図の空いているところに，さいころの目の向きも考えて記入しなさい。ただし，さいころは向かい合う面の目の和が7になる。

（甲陽学院中）

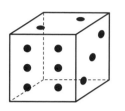

展開図

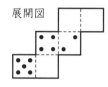

□(2)　右の図のように，立方体のある面と向かい合う面に矢印がかいてあり，その展開図をつくった。展開図にもう一方の矢印をかきなさい。

（龍谷大学附属平安中）

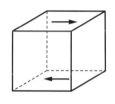

展開図

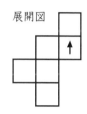

□(3)　右の図について，三角形ABCを軸のまわりに回転させてできる立体の表面積を求めなさい。

（獨協中・改）

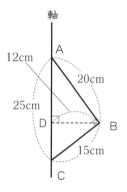

答え（　　　　　　cm²）

□(4)　右の円すい台の表面積を求めなさい。

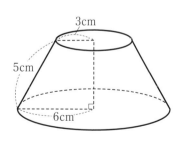

答え（　　　　　　cm²）

111

2 次の問題に答えなさい。ただし，円周率は3.14とする。

□(1) 同じ大きさの白い立方体の積み木をすき間なく積み重ねて図のような立方体をつくり，表面すべてに赤い色をぬった。このとき，赤い面が1つもない積み木は何個か求めなさい。

（青雲中・改）

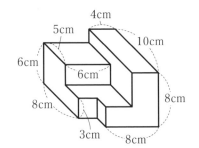

答え（　　　　　個）

□(2) 右の図は，いくつかの直方体を組み合わせてつくった立体である。この立体の体積を求めなさい。

（弘学館中）

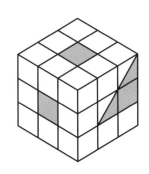

答え（　　　　　cm³）

□(3) 右の図は，一辺が1cmである立方体を27個すき間なく積み重ねてつくった大きな立方体である。かげをつけた3つの部分をそれぞれ向かい側の面までくりぬいた。残った部分の体積を求めなさい。

（お茶の水女子大学附属中）

答え（　　　　　cm³）

□(4) 頂点がOで母線の長さが36cm，底面の半径が3cmの円すいがある。点Aから側面を一周して母線OAまで来るときの最も短い道のりは何cmか求めなさい。

答え（　　　　　cm）

3 次の問題に答えなさい。

□(1)　右の図の立方体に関して，点Pと Q は
それぞれの辺の中点である。この立方体を
3点E, P, Qを通る平面で切ると，断面に
できる平面図形の辺は展開図にどのように
かくことができるか答えなさい。

（名古屋中・改）

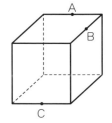

• はすべて辺の中点

□(2)　右の図の立方体で，3点A, B, Cは辺の中点である。この3点を
通る平面で立方体を切ったとき，その切り口はどのような形になる
か。次のア～エの中からもっとも適するものを選びなさい。

ア：長方形
イ：正方形
ウ：五角形
エ：六角形

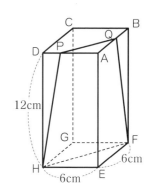

答え（　　　　　　　　）

□(3)　右の図のような直方体を，4点P, Q, F, Hを通る平面で
切って2つの立体に分ける。点P, Qはそれぞれ AD, AB上
にあり，AP＝AQ＝4cmであるとき点Aをふくむ方の立体
の体積を求めなさい。　　　　　　　（京都女子中）

答え（　　　　cm³）

□(4)　同じ大きさの立方体の積み木をいくつか使っ
て積み上げた。真正面，真横(右)，真上から見
た図は右のようになった。立方体の積み木は何
個使ったか求めなさい。　　　（筑紫女学園中）

真正面から
見た図

真横(右)から
見た図

真上から
見た図

答え（　　　　個）

40 水面の高さの変化

月　日

例題

次の問いに答えなさい。

(1) 右の図のような円柱の水そうに水が入っている。そこに，完全に水につかるように石を入れたところ，水面の高さが2cm上がった。このとき，石の体積を求めなさい。ただし，円周率は3.14とし，容器の厚みは考えないものとする。

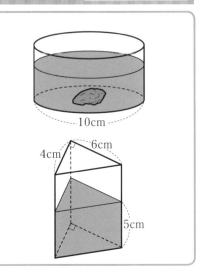

(2) 右の図のような三角柱の水そうに水が入っている。そこに，57.6cm³の小石を水の中にしずめた。水面の高さは何cmになるか求めなさい。

解説 解く手順を確認しましょう。( )にはあてはまる数を，〔 〕には式を書きましょう。

(1) ■ステップ❶ 見かけ上増えた水の体積を求めましょう。

（式）〔① 　　　　　　　　　　　　　　　〕(cm³)

■ステップ❷ ステップ1で求めた体積が石の体積と等しいことを利用して答えを求めましょう。

■ステップ❶ より，石の体積は，〔② 　　　　〕(cm³) である。

答え （③ 　　　　 cm³)

(2) ■ステップ❶ 三角柱の底面積を求めましょう。

（式）〔④ 　　　　　　　　　　　　　　　〕(cm²)

■ステップ❷ この三角柱の体積が57.6cm³になるときの高さを求めましょう。

（式）〔⑤ 　　　　　　　　　　　　　　　〕(cm)

■ステップ❸ 水面の高さを求めましょう。

（式）〔⑥ 　　　　　　　　　　　　　　　〕(cm)

答え （⑦ 　　　　 cm)

💡 覚えておこう！

・見かけ上増えた水の体積＝石の体積である。

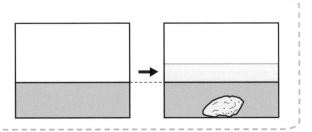

114

答え ① 5×5×3.14×2＝157　② 157　③157cm³　④ 4×6÷2＝12
⑤ 57.6÷12＝4.8　⑥ 5＋4.8＝9.8　⑦ 9.8cm

1 下の図のような，底面の半径が10cm，高さ20cmの円柱の容器と，底面の半径が5cm，高さ10cmの円柱のおもりA，底面の半径が4cm，高さ20cmの円柱のおもりBがある。このとき，次の問いに答えなさい。ただし，容器の底に，おもりの底面がぴったり重なるようにおもりを入れ，容器の厚さは考えないものとする。小数点以下がある場合は，四捨五入して小数第1位まで求めなさい。円周率は3.14とする。

（栄光学園・改）

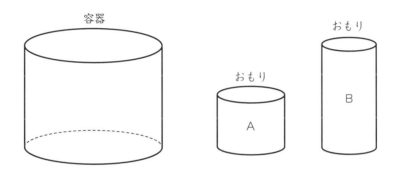

□(1) 6cmの高さまで水の入った容器にAのおもりを入れると水面の高さは何cmになるか求めなさい。

答え（　　　　　　cm）

(2) 10cmの高さまで水の入った容器に，AのおもりとBのおもりを入れると水面の高さは何cmになるか求めなさい。

答え（　　　　　　cm）

2 右の図のような角柱の容器がある。この角柱を長方形ABCDを底にして水平なゆかの上に置き，満水になるまで水を入れた。この容器に立方体のおもりを静かに入れたところすべて水にしずみ，入っていた水の$\frac{1}{12}$がこぼれた。このとき，次の問いに答えなさい。

(土佐中・改)

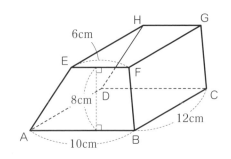

□(1) この立体の容積を求めなさい。

答え（　　　　　　　　cm³)

□(2) おもりの一辺の長さを求めなさい。

答え（　　　　　　　　cm)

3 右の図のような，縦10cm，横12cm，高さ20cmの直方体の容器に水が入っている。この容器に一辺が8cmの立方体のおもりを1個しずめると，水の深さは6cmとなった。このとき，おもりを容器からぬき取ると，水の深さは何cmになるか求めなさい。

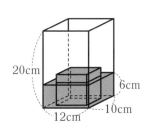

答え（　　　　　　　　cm)

<table>
例
題
</table>

右の図のような三角柱の容器を面BCFEが下になるように置き，水を入れた。このとき，次の問いに答えなさい。

(日本大学中・改)

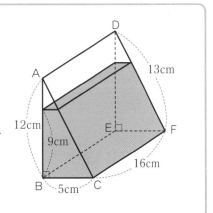

(1) 水の体積を求めなさい。

(2) 面ABCが下になるように置いたとき，水面までの高さを求めなさい。

解説 解く手順を確認しましょう。（　）にはあてはまることばや数を，〔　〕には式を書きましょう。

(1)

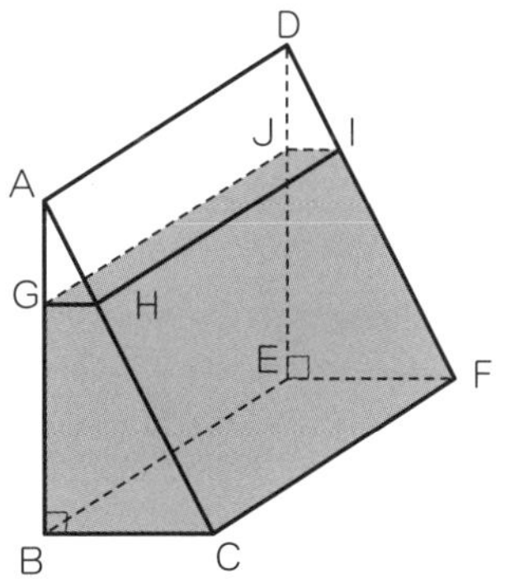

ステップ① 左の図の四角形GBCHの面積を求めましょう。

三角形AGHと三角形ABCは（①　　　　　）で，AGの長さは（②　　　　cm）なので，

GH：BC = AG：AB =（③　　：　　）となり，

GH =（④　　　　）cmである。

よって，四角形GBCHの面積は，

(式)〔⑤　　　　　　　　　　　　　〕(cm^2)

ステップ② 底面積×高さで水の体積を求めましょう。

(式)〔⑥　　　　　　　　　　　　　〕(cm^3)

答え（⑦　　　　cm^3）

(2) **ステップ①** 底面となる面の面積を求めましょう。

底面は三角形ABCなので，面積は，

(式)〔⑧　　　　　　　　　　　　　〕(cm^2)

ステップ② 水の体積÷底面積で高さを求めましょう。

(式)〔⑨　　　　　　　　　　　　　〕(cm)

答え（⑩　　　　cm）

解法のポイント

底面を変えても水の体積は変わらないことに注意する。

答え ① 相似 ② 3 ③ 1：4 ④ $\frac{5}{4}$ ⑤ $\left(\frac{5}{4}+5\right)\times 9 \div 2 = \frac{225}{8}$ ⑥ $\frac{225}{8}\times 16 = 450$

⑦ 450cm^3 ⑧ $5\times 12 \div 2 = 30$ ⑨ $450 \div 30 = 15$ ⑩ 15cm

練習問題

1 下の図のように，直方体を2つ組み合わせた容器①と，円柱と直方体を組み合わせた容器②がある。

容器①には容器いっぱいに水が入っている。

容器①から容器②にこぼれないように水を移したとき，容器②の水の高さはいちばん下から何cmになるか求めなさい。ただし，円周率は3.14とし，答えが小数になるときは，小数第2位を四捨五入して小数第1位まで求めなさい。また，容器の厚みは考えないものとする。

(海星中)

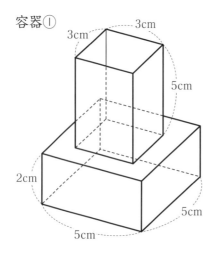

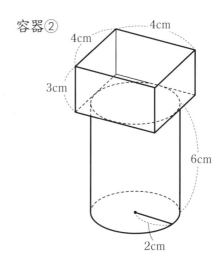

答え（　　　　　　　cm）

解答は別冊52ページ

例題

図1のように，ふたをした直方体に水が入っています。これを，図2のようにかたむけたときの㋐の長さを求めなさい。

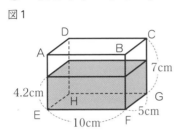

図1

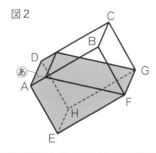

図2

解説　解く手順を確認しましょう。（　）にはあてはまることばや数を，〔　〕には式を書きましょう。

ステップ❶ 水の体積と高さが変わらないとき，底面積は等しくなることを利用しましょう。

図1と図2で，辺（①　　　　　）を高さとすると，高さは等しくなる。

このとき，図1では四角形（②　　　　），図2では四角形（③　　　　）が底面となり，水の体積はどちらも等しいので，この2つの四角形の面積は（④　　　　）。

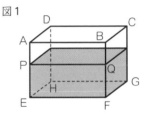

図1

ステップ❷ ステップ1の2つの底面積を考えましょう。

四角形（②　　　　）の面積は，

（式）〔⑤　　　　　　　　　　　　　〕（cm²）

より，四角形（③　　　　）の面積を求める式は，㋐を用いて表すと，

（式）〔⑥　　　　　　　　　　　　　〕（cm²）

であるので，㋐＝（⑦　　　　cm）となる。

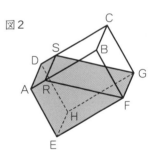

図2

解法のポイント

図1と図2で共通の高さを見つける。

答え（⑧　　　　　cm）

　覚えておこう！

・水を入れた容器をかたむけたとき，水の体積と高さが等しければ，底面積も等しい。

練習問題

1 右の図のように，底面の半径が4cmの円柱の容器に水を
□ 入れ，かたむけたときの水の体積を求めなさい。ただし，
円周率は3.14とする。
（日本大学第三中・改）

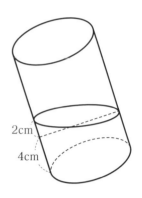

2cm
4cm

答え（　　　　　　　cm³）

2 図1のような階段型の容器に水を入れ，図2のように水がこぼれないようにかたむけた
□ ときの，xの長さを求めなさい。

図1

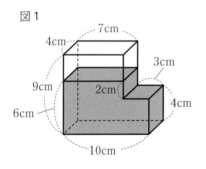

7cm
4cm
3cm
9cm
2cm
6cm
4cm
10cm

図2

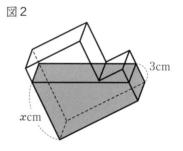

3cm
$x$cm

答え（　　　　　　　cm）

解答は別冊53ページ

例題

図1のように，直方体いっぱいに水が入っている。これを図2のようにしてかたむけて水をこぼすと，図3のように少し水が減った。このとき，あの長さを求めなさい。

図1 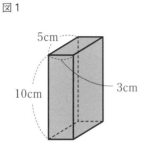　　図2 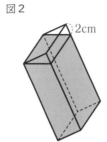　　図3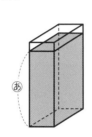

5cm　3cm　10cm　2cm　あ

解説　解く手順を確認しましょう。( )にはあてはまる数を，〔 〕には式を書きましょう。

■ステップ❶ こぼした水の体積を求めましょう。

右の色のついた部分の三角柱の体積と等しい。

(式)〔①　　　　　　　　　　　　　　　　　〕(cm³)

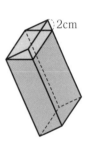
2cm

■ステップ❷ あの長さを求めましょう。

図2でこぼした水の量は，図3の水が入っていない部分の体積と等しい。

右の図のいの長さは，

(式)〔②　　　　　　　　　　　　　　　〕(cm)

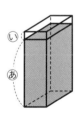
い　あ

よって，あの長さは，

(式)〔③　　　　　　　　　　　　　　　〕(cm)

答え (④　　　　　　　cm)

── 解法のポイント ──

こぼした水の体積は，水が入っていない部分の体積と等しい。

答え ① 2×3÷2×5＝15　② 15÷(5×3)＝1　③ 10－1＝9　④ 9cm

練習問題

1 縦6cm, 横7cm, 高さ10cmの直方体の形をした容器に, 深さ8cmまで水が入っている。いま, 辺ABをゆかにつけて静かにかたむけた。 (和洋国府台女子中)

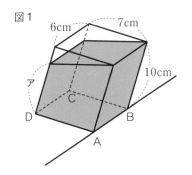

図1

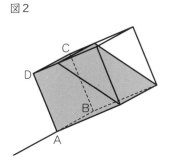

図2

□(1) 図1のように, 水をこぼさないように容器をかたむけたとき, アの長さを求めなさい。

答え (　　　　　cm)

(2) 図2のように, 容器を45°かたむけて水をこぼしてから, 容器をもとにもどしたとき, 水の深さは何cmになるか求めなさい。

答え (　　　　　cm)

44 水の変化とグラフ（仕切りなし）

月　　日

例題

図のような水そうに一定の割合で水を入れる。グラフは水を入れ始めてからの時間と水そうの底からの水面の高さの関係を表している。このとき，次の問いに答えなさい。

(1) □にあてはまる数を求めなさい。

(2) 水そうに水を95秒間入れ続けたとき，水面の高さは何cmか求めなさい。

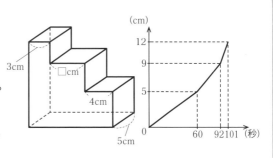

解説 解く手順を確認しましょう。（ ）にはあてはまる数を，〔 〕には式を書きましょう。

(1)

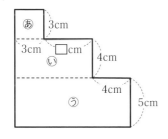

解法のポイント

奥行きが等しいので，側面の面積の比と時間の比は等しい。

■ステップ❶ 水そうを分けて，時間の比を求めましょう。

水そうを横から見た図をかくと，左の図のようになる。あ，いが水で満たされるのにかかった時間の比は，

あにかかった時間：いにかかった時間＝（① ： ）

■ステップ❷ いの手前の面の面積を求めましょう。

面積と時間の比から，いの手前の面の面積は

(式)〔② 〕(cm²)

■ステップ❸ □にあてはまる数を求めましょう。

(式)□＝〔③ 〕(cm)

答え（④ cm）

(2) ■ステップ❶ あの部分では，1秒間に水面が何cm高くなるか求めましょう。

（⑤ ）秒間で（⑥ ）cm水面が高くなっているので，1秒間で増える高さは，

(式)〔⑦ 〕(cm)

覚えておこう！

・グラフが折れる点
　段の高さに等しい。

■ステップ❷ あの部分では，何cmの高さまで水が入るか求めましょう。

あの部分に，（⑧ ）秒間水を入れ続けたので，

(式)〔⑨ 〕(cm)

■ステップ❸ 水そう全体での水面の高さを求めましょう。

(式)〔⑩ 〕(cm)

答え（⑪ cm）

答え
(1) 9：32　(2) $3 \times 3 \times \frac{32}{9} = 32$　(3) 32÷4−3＝5　(4) 5cm　(5) 9　(6) 3
(7) $3 \div 9 = \frac{1}{3}$　(8) 3　(9) $3 \times \frac{1}{3} = 1$　(10) 5＋4＋1＝10　(11) 10cm

123

練習問題

1 一辺が10cmの立方体の水そうに，一辺が5cmと2cmの立方体のブロックを重ねておき，水を入れたところ，入れ始めてからの時間と水面までの高さは右のグラフのようになった。このとき，次の問いに答えなさい。

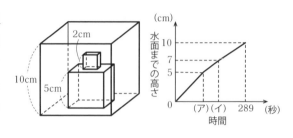

□(1) 毎秒何cm³の水を入れたか求めなさい。

答え（　　　　　　　cm³）

□(2) (ア)にあてはまる数を求めなさい。

答え（　　　　　　　）

□(3) (イ)にあてはまる数を求めなさい。

答え（　　　　　　　）

2 図のような一辺が8cmの立方体を10個組み合わせた形をした容器に，一定の速さで上から水を入れた。水を入れ始めてからの時間と水面の高さは右のようなグラフになった。このとき，次の問いに答えなさい。
　　　　　　　　　　　　　　　　　（暁中）

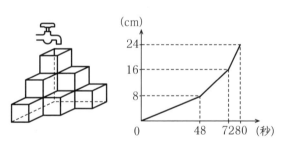

□(1) この容器の容積は何cm³か求めなさい。

答え（　　　　　　　cm³）

□(2) 毎秒何cm³の水を入れたか求めなさい。

答え（　　　　　　　cm³）

□(3) 入れた水の体積が容積の $\frac{7}{8}$ になるときの水面の高さは何cmか求めなさい。

答え（　　　　　　　cm）

例題

図のような水そうに，2枚の同じ高さの仕切り板を立て，アの部分に一定の割合で水を入れる。グラフは水を入れ始めてからの時間と辺ADで測った水面の高さの関係を表している。このとき，次の問いに答えなさい。

(1) AEの長さを求めなさい。

(2) 水そうがいっぱいになる時間を求めなさい。

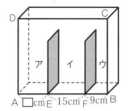
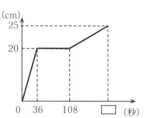

解説　解く手順を確認しましょう。（　　）にはあてはまる数を，〔　　〕には式を書きましょう。

(1)

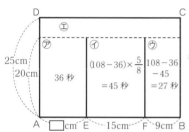

ステップ❶ 奥行きが一定になる方向から見た図をかきましょう。

図のように⑦〜⑰の順に水が入る。

ステップ❷ 水がたまる時間と底辺の長さの比を調べましょう。

⑦〜⑰は高さが等しいので，かかった時間は底辺の長さの比に等しい。よって，

（式）AE：EF：FB＝ 36 ：（①　　　　）：（②　　　　）
　　　　　　　　　　＝（③　　　：　　：　　）

ステップ❸ AEの長さを求めましょう。

（式）〔④ AE ＝　　　　　　　　　　　〕

答え（⑤　　　　cm）

解法のポイント

奥行き一定方向
の図をかく。

(2) ステップ❶ ⑤と⑦〜⑰の比を調べましょう。

⑤と⑦＋⑦＋⑰は，底辺の長さが等しいので，高さの比はかかった時間の比に等しい。⑤と⑦＋⑦＋⑰の高さの比は，（⑥　　：　　）である。

ステップ❷ ⑤に水がたまる時間を求めましょう。

（式）〔⑦　　　　　　　　　〕（秒）

覚えておこう！

・奥行きと高さが等しいとき，
　底辺の長さの比＝時間の比

・奥行きと底辺の長さが等しいとき，
　高さの比＝時間の比

ステップ❸ 水そうがいっぱいになったときの時間を求めましょう。

（式）〔⑧　　　　　　　　　　　　　　　　〕（秒）

答え〔⑨　　　　秒〕

答え│① 45　② 27　③ 4：5：3　④ AE＝15×$\frac{4}{5}$＝12　⑤ 12cm
　　│⑥ 1：4　⑦ 108×$\frac{1}{4}$＝27　⑧ 108＋27＝135　⑨ 135秒

練習問題

1 図のような水そうに，高さがちがう2枚の仕切り板を立て，アの部分に一定の割合で水を入れる。グラフは，水を入れ始めてからの時間とアの部分で測った水面の高さの関係を表している。このとき，次の問いに答えなさい。

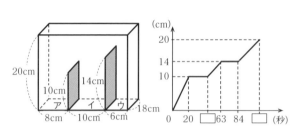

□(1) イの部分で水の深さが10cmになるときの時間を求めなさい。

答え（　　　　　秒後）

□(2) 水そうがいっぱいになるときの時間を求めなさい。

答え（　　　　　秒後）

2 図のような水そうに，高さの異なる3枚の仕切り板が立っている。あの部分に一定の割合で水を入れたとき，時間とあの部分の水の深さの関係はグラフのようになった。このとき，次の問いに答えなさい。　　（市川中）

□(1) 図の⑦と⑦の比を求めなさい。

答え（　　　：　　　）

□(2) 仕切り板AとBとCの高さの比を求めなさい。

答え（　　：　　：　　）

□(3) 128分後の水そうの水の量は，水そうの容積の半分だった。グラフの□に入る数を求めなさい。

答え（　　　　　）

解答は別冊54ページ

例題

図のような水そうに，側面に平行になるように仕切り板を1枚立てた。アの部分へ毎分3Lの水を入れ，イの部分にある排水口から毎分1Lで水を排出した。グラフは，辺ABで測った水の深さと時間の関係を表している。このとき，次の問いに答えなさい。

(1) ECの長さを求めなさい。

(2) 水そうがいっぱいになる時間を求めなさい。

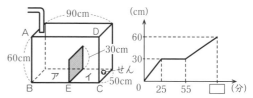

解説 解く手順を確認しましょう。（ ）にはあてはまる数を，〔 〕には式を書きましょう。

(1) ステップ❶ イで仕切り板の高さまで水を入れるのにかかった時間を求めましょう。

グラフより，イで仕切り板の高さまで水を入れるのにかかった時間は，

(式)〔①   〕(分)

ステップ❷ イで1分間に入る量を考えましょう。

毎分3Lで給水し，毎分1Lで排出しているので，イで1分間に入る水の量は，

(式)〔②   〕(L)

ステップ❸ イの仕切り板の高さまでの水の量と体積を求めましょう。

ステップ❶ ステップ❷ より，イの仕切り板の高さまで入った水の量は，

(式)〔③   〕(L)

EC＝△ cmとすると，イの仕切り板の高さまでの体積を求める式は，

(式)〔④   〕(cm³)

ステップ❹ ECの長さを求めましょう。

③④の式より，1500×△＝ 60×（⑤   ）

△ ＝（⑥   ）(cm)

> 💡 **覚えておこう！**
>
> ・排水と給水が同時に起こるとき
> （給水する量）－（排水する量）
> ＝（たまる水の量）
> が成り立つ。

> 🔖 解法のポイント
> 1L＝1000 cm³

答え（⑦   cm）

(2) ステップ❶ 仕切り板より上の部分に水がたまるのにかかる時間を求めましょう。

仕切り板の上の部分をウとする。水を入れ始めて25分後からは，毎分2L＝2000cm³ずつ給水しているので，ウの部分に水がたまるのにかかった時間は，

(式)〔⑧   〕(分)

ステップ❷ 水そう全体がいっぱいになるのにかかった時間を求めましょう。

ア，イで仕切り板の高さまで水をためるのにかかった時間の合計は55分なので，

(式)〔⑨   〕(分)

答え（⑩   分）

答え ① 55－25＝30 ② 3－1＝2 ③ 2×30＝60 ④ 50×△×30＝1500×△ ⑤ 1000
⑥ 40 ⑦ 40cm ⑧ 50×90×(60－30)÷2000＝67.5 ⑨ 67.5＋55＝122.5
⑩ 122.5分

練習問題

1 図のような水そうに，側面に平行になるように仕切り板を1枚立てた。アの部分へ毎分750cm³ずつ水を入れ，63分後に給水をやめ，イにあるせんをぬき，水を排水した。グラフは，辺ABで測った水の深さと時間の関係を表している。このとき，次の問いに答えなさい。

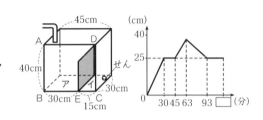

☐(1)　63分後の水の深さを求めなさい。

答え（　　　　　　cm）

☐(2)　1分間あたりに排水する水の量を求めなさい。

答え（　　　　　　cm³）

☐(3)　水を入れ始めてから，せんから水が流れなくなるまでの時間を求めなさい。

答え（　　　　　　分）

2 図のような水そうに，Aから8cmはなれたBに高さ15cm，Dから12cmはなれたCに高さ25cmの長方形の仕切り板を側面に平行にそれぞれ立てた。図の位置から毎秒100cm³ずつ水を入れていき，水を入れ始めて450秒後に水そうがいっぱいになったので，水を止め，AとBの間にあるせんをぬいて毎秒100cm³ずつ水を流した。グラフは，辺AEにおける水面の高さと時間の関係を表している。このとき，次の問いに答えなさい。
（昭和学院秀英中・改）

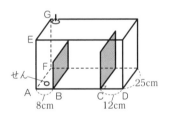

☐(1)　ADの長さを求めなさい。

答え（　　　　　　cm）

☐(2)　AEの長さを求めなさい。

答え（　　　　　　cm）

UP!! ☐(3)　水を入れ始めてから，せんから水が流れなくなるまでの時間を求めなさい。

答え（　　　　　　秒）

右の図のような水そうに高さ20cmまで水が入っている。この水そうにある大きさの球を1個しずめたところ，水面の高さが20.5cmになった。このとき，次の問いに答えなさい。

（開明中）

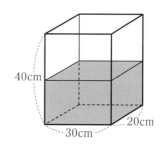

40cm
30cm
20cm

□(1)　この球の体積（たいせき）を求（もと）めなさい。

答え（　　　　　　　cm³）

□(2)　この水そうから球を取りのぞき，かわりに体積15000cm³の直方体を水中に完全（かんぜん）にしずめたところ，水が水そうからあふれた。その後，直方体を取り出したときの水面の高さは何cmか求めなさい。

答え（　　　　　　　cm）

□(3)　(2)の後，この水そうに(1)の球と同じ大きさの球を合計4個と，縦（たて）10cm，横10cm，高さ50cmの直方体を，正方形を下の面にしてしずめた。このときの水面の高さは何cmか求めなさい。

答え（　　　　　　　cm）

図1のような円柱の容器がある。これに水を
入れ, 点Aが机に接したままかたむけたと
ころ, 図2のようになった。このとき, 容器
に入っている水の体積を求めなさい。ただ
し, 円周率は3.14とする。

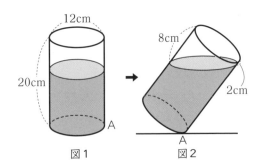

図1 図2

答え（ cm³）

③ 図1のような直方体の容器に, 水が5cm下の高さまで
入っている。このとき, 次の問いに答えなさい。

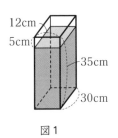

図1

□(1) この容器に入っている水の体積は何Lか求めなさい。

答え（ L）

□(2) この容器を, 図2のように底面の30cmの辺にそって
45°かたむけたとき, こぼれる水の体積は何Lになるか
求めなさい。

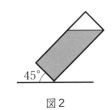

図2

答え（ L）

4 図1のような直方体の容器がある。この容器には，側面と平行に図1のように仕切り板が設置されていて，直方体の容器の左側にじゃ口から一定の割合で水を入れる。図2は容器に水を入れ始めてからの，水の深さを左側から測ってグラフにしたものである。仕切りや容器の厚さは考えないものとして，次の問いに答えなさい。

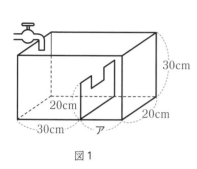

図1

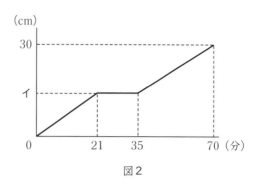

図2

☐(1) 容器のアの長さは何cmか求めなさい。

答え （　　　　　cm）

☐(2) グラフのイにあてはまる数を求めなさい。

答え （　　　　　）

☐(3) じゃ口から出ている水は毎分何cm³か求めなさい。

答え （　　　　　cm³）

解答は別冊57ページ

月　日

1 一辺1cmの立方体1224個をすき間なく積み重ねて右の図のような立体をつくる。しゃ線部分の面積は何cm²か求めなさい。

（国学院久我山中）

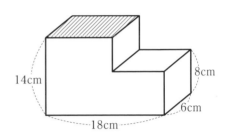

答え（　　　　cm²）

2 図のような直角三角形の紙がある。これを円柱に，三角形の辺BCを底面のまわりにそってまきつけると，1回りと半分だけ回る。側面に紙を完全にまきつけたとき，側面で紙がまきついていない部分の面積は，側面全体の面積の何倍か求めなさい。

（大谷中）

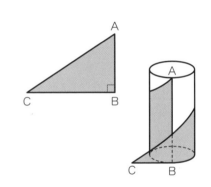

答え（　　　　倍）

3 右の図のような底面がAB＝3.75cm，BC＝6.25cm，CA＝5cmの直角三角形で，高さが3.75cmある三角柱ABC-DEFがある。この三角柱を辺ADを軸にして1回転したとき，面BEFCが通ってできる立体の体積を求めなさい。ただし，円周率は3.14とする。

（市川中）

答え（　　　　cm³）

図のように，平らなゆかに辺ABの長さが8m，辺BCの長さが4mである直方体ABCD−EFGHが置いてある。EGとFHが交わる点をIとし，Iの真上に電球が点灯している。Iからのきょりが6mの位置に電球があるとき，床にできる直方体のかげの面積は40m²であった。このとき，次の問いに答えなさい。ただし，電球の大きさは考えないものとする。　　　　　　　　（海城中）

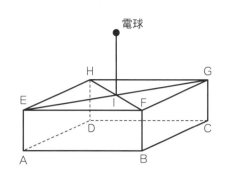

□(1)　辺BFの長さを求めなさい。

答え（　　　　　　m）

□(2)　Iからのきょりが12mの位置に電球があるとき，床にできる直方体のかげの面積を求めなさい。

答え（　　　　　　m²）

 右の図のように，地面に一辺の長さが2mの正方形がならんでいて，点Oから高さ6mの位置に電灯がある。一辺の長さが2mの立方体の箱を置いたきと，この立方体の箱によって，地面にできるかげの面積を求めなさい。ただし，電灯の大きさ，棒の太さ，箱の厚さは考えず，立方体の真下の部分はかげにふくめないものとする。　　　　（明星中）

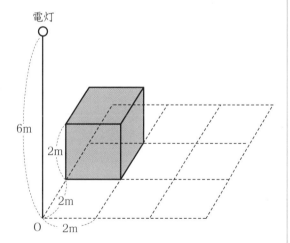

答え（　　　　　　m²）

適性検査型 ❶

解答は別冊59ページ

月　日

たろうさんとはなこさんは，自主研修で凧づくりとカステラづくりを見学しました。
次の 1 ～ 2 の問題に答えなさい。

(仙台市立中等教育学校)

1 二人は，文化祭で凧を展示しようと考えました。そのために，図1 の凧の辺や対角
線の長さを測らせてもらいました。あとの(1)，(2)の問題に答えなさい。

(1) この凧の面積は何cm²か答えなさい。また，求め方
がわかるように計算式も書きなさい。

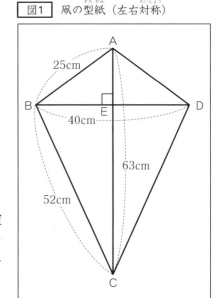

図1　凧の型紙（左右対称）

　　　　　計算式（　　　　　　　　　　　　　　）
　　　　　答え　　　　　　　（　　　　　　cm²）

(2) 辺AEの長さを測り忘れたため，お店の人に電話で確
認したところ，次のようなヒントをもらいました。ヒン
トをもとに辺AEは何cmか答えなさい。また，求め方
がわかるように計算式やことばを使って説明しなさい。

店員さんからもらったヒント

> 三角形ABDと三角形BCDの面積の比が，
> 5：16になる点がEです。

辺AEの長さ（　　　　　　cm）

2 次に２人はカステラづくりを見学し，販売されるまでの流れを，□図2□のようにまとめました。あとの(1)，(2)の問題に答えなさい。

□図2□　カステラが販売されるまでの流れ

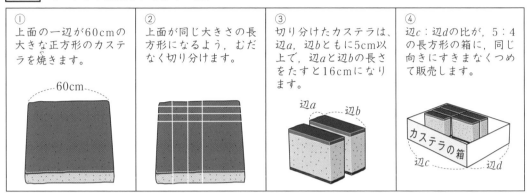

① 上面の一辺が60cmの大きな正方形のカステラを焼きます。

② 上面が同じ大きさの長方形になるよう，むだなく切り分けます。

③ 切り分けたカステラは、辺a，辺bともに5cm以上で，辺aと辺bの長さをたすと16cmになります。

④ 辺c：辺dの比が，5：4の長方形の箱に，同じ向きにすきまなくつめて販売します。

(1) ③のように切り分けた長方形のカステラの辺aは何cmか答えなさい。ただし，辺a，辺bの長さはともに整数とする。

答え（　　　　　　　cm）

(2) ④の箱の辺cの長さは60cmより短く，切り分けたカステラを同じ向きに箱の中にならべると，すきまなく入ります。④の辺dの長さは何cmか答えなさい。ただし，箱の紙の厚さは考えないものとする。

答え（　　　　　　　cm）

適性検査型 ❷

解答は別冊59ページ

　　　　月　　　日

◆さくらさんとたかしさんは，立体図形について話しています。〔会話文〕を読み，あとの(1)
　～(3)の各問いに答えなさい。

（桜美林中学校）

〔会話文 I〕

さくら：たかしさん，立方体〔図1〕を使って何をしているのかしら。

たかし：うん。立方体をある平面で切断して2個の図形に分けたときの切り口の形を考えて
　　　　いるんだ。切り方によって，いろいろな形になるからそれがおもしろいんだよ。

さくら：おもしろそうね。切断面ね。①確かに切り方によっていろいろな形ができそうだわ。

たかし：そうだね。例えば，〔図2〕のように点A，点F，点G，点D，の4点を通るような平
　　　　面で切断すると切り口はどんな図形になるかわかるかな。

さくら：長方形でしょう。

たかし：そうだよ。よし。他の切り方でも考えてみよう。

〔図1〕
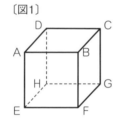

〔図2〕
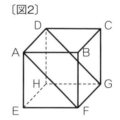

(1) 〔会話文 I〕の中の下線部①について，切断面としてありえない図形を，次のア～カから
　　すべて選び記号を書きなさい。

　　ア　正三角形　　　イ　直角二等辺三角形　　ウ　正五角形

　　エ　正六角形　　　オ　台形　　　　　　　　カ　ひし形

　　　　　　　　　　　　　　　　　　　　答え（　　　　　　　　　）

〔会話文2〕

さくら：その積み木〔図3〕は何かしら。

たかし：立方体の6面全部に1から4までの同じ数字がかいてあるんだよ。

さくら：それを積んで大きな立方体〔図4〕をつくったのね。

たかし：全部で27個の積み木を使ってつくったんだよ。

さくら：積み方に何か決まりがあるのかしら。

たかし：積み木と積み木が接している面に，同じ数字の面が重ならないようにならべるんだよ。

さくら：わかったわ。

〔図3〕   〔図4〕

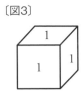   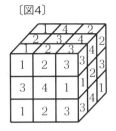

(2) 〔会話文2〕の中の〔図4〕で，1から4の数がかいてある積み木の個数はそれぞれ何個か
　　書きなさい。

答え　(1…　　　個，2…　　　個，3…　　　個，4…　　　個)

〔会話文3〕

さくら：次の図〔図5・6〕は何かしら。

たかし：この図はいくつかの高さの等しい立体図形を積み重ねたものを真上から見たものなんだ。

さくら：この点（・）は何かしら。

たかし：この図〔図5〕の点（・）だね。これは，この部分がとがっているんだよ。

さくら：なるほど，わかったわ。

たかし：これらの図形を横から見たらどのように見えるのかを考えているんだ。

さくら：横とは，左横と右横とってことかしら。

たかし：左横や右横とは限らずにとにかく横方向からだよ。横だったらななめ横からでもいいんだよ。

さくら：わかったわ。とにかく横から見ればどの位置から見てもいいのね。

たかし：うん。そうだよ。でも，ななめ上から見たりしてはいけないんだよ。

〔図5〕   〔図6〕

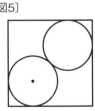   

(3) 〔会話文3〕の中の〔図5〕と〔図6〕の図形を横から見たときの図として正しくないものを，
　　〔図5〕はア～ウから，〔図6〕はエ～カから，それぞれ選び記号で書きなさい。

ア　　　　　イ　　　　　ウ　　　　　エ　　　　　オ　　　　　カ

答え　(〔図5〕　　　　　，〔図6〕　　　　　)

1 図のように，長方形ABCDを対角線ACで折る。角⑦と角⑦の大きさの比は7：4である。角⑦の大きさは何度か求めなさい。

（関西学院中）［20点］

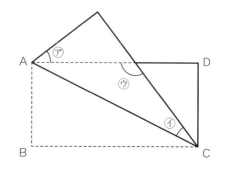

答え（　　　　度）

2 右の図のような長方形ABCDと点E，Fがある。点Pは点Eを出発して，毎秒1cmの速さでEB上を往復する。点Qは点Dを出発して，毎秒2cmの速さでD→C→B→C→Dの順に移動し，点Dで止まる。点Pと点Qは同時に出発する。QがCからDに動いているとき，四角形FPBQの面積が108.5cm²となるのは，PとQが同時に出発してから何秒後か求めなさい。

（甲南女子中）［20点］

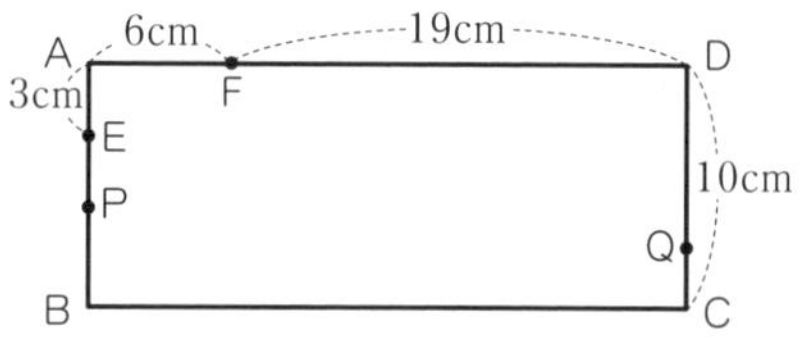

答え（　　　　秒後）

3 底面の半径が3cmで高さが5cmの円柱と，底面の半径が6cmで高さが10cmの円すいから，右の図のような立体をつくった。この立体の体積は何cm³か求めなさい。ただし，円周率は3.14とする。

（日本大学第二中）［20点］

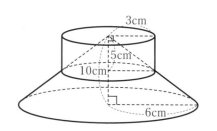

答え（　　　　cm³）

4 次のような展開図を組み立ててできる立体の体積は
何cm³か求めなさい。　　　　　　（六甲学院中）[20点]

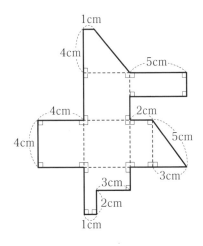

答え（　　　　　　　cm³）

5 図1のような直方体の水そうに，2枚の長方形の仕切り板ア，イを底面と垂直になるように入れる。仕切り板アの高さは4cmである。この水そうにＡの部分から毎分50cm³で満水になるまで注いでいく。図2はこのときの，時間と水面の高さの関係を表した図である。このとき，□にあてはまる時間を求めなさい。

（千葉日本大学第一中）[20点]

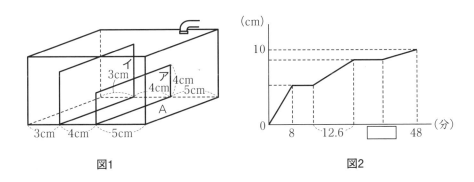

図1　　　　　　　　　　図2

答え（　　　　　　　分）

1 長方形を2個組み合わせた図形①と，高さが8cmの長方形②がある。図1のように，図形①を直線にそって矢印の方向に毎秒1cmの速さで移動させる。図2は移動し始めてからの時間と，2つの図形が重なってできる部分の面積の関係を表したグラフである。このとき，次の問いに答えなさい。

(西部学園文理中)［(1)各3点, (2)12点］

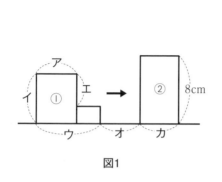

図1

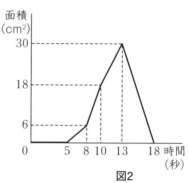

図2

☐(1) アからカの長さはそれぞれ何cmか求めなさい。

答え（ア   cm，イ   cm，ウ   cm，エ   cm，オ   cm，カ   cm）

☐(2) 11秒後の2つの図形が重なる部分の面積は何cm²か求めなさい。

答え（   cm²）

2 図のように一辺が6cmである立方体ABCD－EFGHの辺DC上に点Iを，辺EF上に点Pをとる。点Iから辺AB上を通って点Pまでもっとも短くなるように線を引き，その線と辺ABが交わる点をQとする。DIの長さが4cm，EPの長さが1cmのとき，AQの長さは何cmか求めなさい。 ［15点］

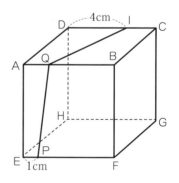

答え（   cm）

3 高さが2mの円柱の形をした木材がある。この木材から、底面が正方形のできるだけ大きな直方体の柱を切り出すと、その体積が90000cm³になった。もとの円柱の木材の体積は何cm³か求めなさい。ただし、円周率は3.14とする。

(桐蔭学園中)[20点]

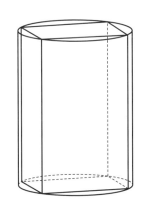

答え（　　　　　cm³）

4 右の図は、一辺が2cmである立方体を27個すきまなく積み重ねてつくった大きな立方体である。かげをつけた3つの部分をそれぞれ向かい側の面までまっすぐくりぬいた。残った部分の体積を求めなさい。[20点]

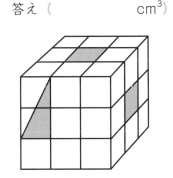

答え（　　　　　cm³）

5 円柱形の容器に高さ10cmまで水が入っている。底面積が6cm²で容器より高さがある円柱を、円柱の底が容器の底に重なるまでしずめたところ、水面の高さが3cm高くなった。この容器の底面積は何cm²か求めなさい。

(昭和学院秀英中)[15点]

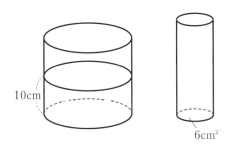

10cm

6cm²

答え（　　　　　cm²）

1 右の図の四角形ABCDは正方形である。ぬりつぶした
□ 部分の面積は何cm²か求めなさい。　　　　（弘学館中）[15点]

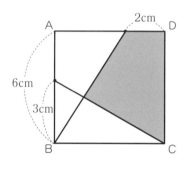

答え（　　　　　cm²）

2 一辺が12cmの正方形と半径が6cmの円の一部で，右の
□ 図のような色をつけた部分の図形をつくった。この図形
のまわりを半径が1.5cmの円が動いて1周するとき，そ
の円が通過する部分の面積を求めなさい。ただし，円周
率は3.14とする。　　　　　　　（慶應義塾普通部・改）[20点]

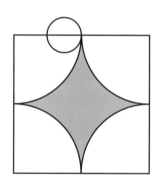

答え（　　　　　cm²）

3 立方体と円柱の一部を重ね合わせて，立体をつくった。この立体の上面は[図1]のよ
□ うになり，[図1]の矢印の方向から見た側面は[図2]のようになる。この立体の表面積
は何cm²か求めなさい。　　　　　　　　　　　　　　　　　　　　　　（浅野中）[15点]

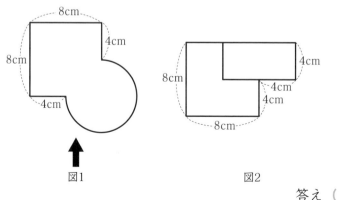

図1　　　　　　　　　図2

答え（　　　　　cm²）

4️⃣ 次の図は，2つ合わせると立方体ABCD−EFGHになる立体を厚紙（あつがみ）でつくったものである。この立体の展開図（てんかいず）において，四角形AJGKを表したものを次のア〜エの中から選（えら）びなさい。ただし，J，KはBF，DHの中点とする。

（筑波大学付属中・改）［15点］

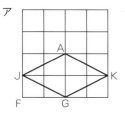

ア
・四角形AJGKはひし形

イ
・四角形AJGKはひし形

ウ
・四角形AJGKはひし形
・AGは正方形EFGHの
　対角線の長さと等しい

エ
・四角形AJGKはひし形
・JKは正方形EFGHの
　対角線の長さと等しい

答え（　　　　　　　　）

5️⃣ 小さな立方体の積（つ）み木を56個積み上げて，図のような立体をつくった。この立体の表面すべてにペンキをぬった。表面のペンキがかわいてから，ばらばらにくずした。この積み木のすべての面を数えたとき，ペンキがぬられていない面は何面か求めなさい。

（滝川中・改）［20点］

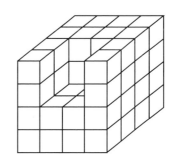

答え（　　　　　面）

6️⃣ 円柱で高さの等しい容器（ようき）がA，B，C3つある。600cm³の水をこの容器A，B，Cに3等分して入れると，A，B，Cそれぞれの水面の高さの比（ひ）は1：2：3になった。この水を捨てて，新たに660cm³の水をこの容器A，B，Cに水面の高さが同じになるように入れた。このとき，Aの容器には何cm³の水が入っているか求めなさい。ただし，円周率は3.14とする。

（徳島文理中）［15点］

答え（　　　　　cm³）

初版
第1刷　2020年7月1日　発行
第2刷　2022年10月1日　発行

●編　者
　数研出版編集部
●カバー・表紙デザイン
　株式会社ブランデザイン

発行者　星野　泰也

ISBN978-4-410-15471-3

中学入試 算数図形問題完全マスター ハイレベル

発行所　数研出版株式会社

本書の一部または全部を許可なく
複写・複製することおよび本書の
解説・解答書を無断で作成するこ
とを禁じます。

〒101-0052　東京都千代田区神田小川町2丁目3番地3
　　　　　　〔振替〕00140-4-118431
〒604-0861　京都市中京区烏丸通竹屋町上る大倉町205番地
〔電話〕代表（075）231-0161
ホームページ　https://www.chart.co.jp
印刷　創栄図書印刷株式会社
　　　乱丁本・落丁本はお取り替えいたします　220902

1 三角形の内角と外角・三角定規の角

答え **1**　(1)　68度　(2)　141度　(3)　128度
(4)　47度　(5)　125度　(6)　105度

1(1)　矢じりの形なので，

$$31° + 28° + x = 127°　x = 68°$$

よって，角xの大きさは<u>68度</u>。

(2)　大きい三角形の残(のこ)りの2つの内角の和は，

$$180° - 102° = 78°$$

これは●2つ分と×2つ分の合計なので，●1つ分と×1つ分の合計は，

$$78° ÷ 2 = 39°$$

小さい三角形に着目して，角の大きさを求(もと)めると，

$$180° - 39° = 141°$$

よって，角xの大きさは<u>141度</u>。

(3)　小さい三角形の残りの2つの内角の和は，

$$180° - 154° = 26°$$

これは●1つ分と×1つ分の合計なので，●2つ分と×2つ分の合計は，

$$26° × 2 = 52°$$

大きい三角形に着目して，角xの大きさを求めると，

$$180° - 52° = 128°$$

よって，角xの大きさは<u>128度</u>。

(4)　三角形の外角の大きさは，その角ととなり合っていない2つの内角の和に等しい。

右の図のようにA～Gとおく。

三角形BCAの角Cの外角は，

外角C＝ア＋38°

三角形DFEの角Fの外角は，

外角F＝24°＋31°

と表すことができる。

三角形CGFに着目して考えると，

$$ア＋38°＋24°＋31°＋40° = 180°$$

$$ア = 180° - 133° = 47°$$

よって，角アの大きさは<u>47度</u>。

(5)　右の図のようにA～Gとおく。三角形GECの内角の和から，図の角あの大きさは，

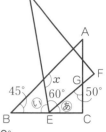

$$180° - 50° - 90°$$
$$= 40°$$

図の角いの大きさは，

$$180° - 60° - 40° = 80°$$

三角形の外角の大きさは，その角ととなり合っていない2つの内角の和に等しいから，

$$x = 45° + 80° = 125°$$

よって，角xの大きさは<u>125度</u>。

(6)　右の図のようにA～Gとおく。三角形CBAの外角である㋐，㋑が同じ大きさなので，角B，角Cの内角も同じ大きさとなる。よって，

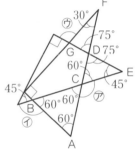

$$(180° - 60°) ÷ 2 = 60°$$

向かい合う角の大きさは等しいので，三角形DCEの角Cの内角の大きさも60°となる。ここで，三角形の内角の和より，角Dの内角の大きさは，

$$180° - 60° - 45° = 75°$$

三角形FGDの角Dの内角の大きさも75°になる。三角形FGDで，三角形の外角の大きさは，その角ととなり合っていない2つの内角の和に等しいという性質(せいしつ)を利用(りよう)すると，

$$㋒ = 30° + 75° = 105°$$

したがって，角㋒の大きさは<u>105度</u>。

2 二等辺三角形と正三角形の角

答え **1**　(1)　69度　(2)　109度
(3)　85度　(4)　57度
(5)　85度　(6)　58度

1(1)　DE＝DBより，三角形DBEは二等辺三角形(にとうへんさんかくけい)なので，底角(ていかく)は等しい。よって，

角DEB＝角DBE＝23°

また，内角と外角の関係より，

角EDA＝角DBE＋角DEB

＝23°＋23°＝46°

AE＝DEより，三角形EADは二等辺三角形なので，底角は等しい。よって，

角EAD＝角EDA＝46°

また，角AEC＝23°＋46°＝69°

AC＝AEより，三角形AECは二等辺三角形なので，底角は等しい。よって，

角ACE＝角AEC＝x

したがって，角xの大きさは69度。

(2) 三角形ABCは正三角形なので，

角ABE＝60°

よって，三角形の内角の和より，

角BAE＝180°−（角ABE＋角AEB）

＝180°−（60°＋97°）

＝23°

三角形の内角と外角の関係より，

x＝角DFA＋角DAF

＝86°＋23°

＝109°

よって，角xの大きさは109度。

(3) 三角形の内角の和より，

角BAC＝180°−（65°＋65°）

＝180°−130°＝50°

角BDE＝180°−（角DBE＋角DEB）

＝180°−（65°＋40°）

＝75°

三角形DEFは正三角形なので，角EDF＝60°より，

角ADF＝180°−（角BDE＋角EDF）

＝180°−（75°＋60°）

＝45°

三角形の内角の和より，

x＝180°−（角DAF＋角ADF）

＝180°−（50°＋45°）

＝85°

よって，角xの大きさは85度。

(4) 三角形ABCはAB＝ACの二等辺三角形なので，

角BAC＝180°−27°×2＝126°

三角形ADCは正三角形なので，角DAC＝60°

角BAD＝126°−60°＝66°

三角形ABDは，AB＝ADの二等辺三角形なので，

角ADB＝（180°−66°）÷2

＝57°

よって，角xの大きさは57度。

(5) 三角形EFGは正三角形なので，

角MGL＝60°

三角形の内角の和より，

角MLG＝180°−（55°＋60°）

＝180°−115°

＝65°

対頂角は等しいので，

角CLK＝角MLG＝65°

四角形ABCDは長方形なので，

角LCK＝90°

三角形の内角の和より，

角CKL＝180°−（65°＋90°）

＝25°

対頂角は等しいので，

角JKF＝角CKL＝25°

三角形EFGは正三角形なので，

角JFK＝60°

内角と外角の関係より，

x＝25°＋60°

＝85°

よって，角xの大きさは85度。

(6) AD＝BDより，三角形DABは二等辺三角形。

二等辺三角形の底角は等しいので，

角DBA＝角DAB＝32°

角DAC＝角DCA，角DBC＝角DCBと

角DAC＋角DCA＋角DBC＋角DCB＋32°＋32°

＝180°より，

角DCA×2＋角DCB×2＝116°

x＝角DCA＋角DCBなので，

2

$$x \times 2 = 116°$$

$$x = 58°$$

よって，角xの大きさは$\underline{58度}$。

3 ▷ 二等辺三角形と円

答え **1**

(1) 45度

(2) $x = 35$度，$y = 22$度

(3) 35度 (4) 210度

(5) ㋐＝37度 ㋑＝31度

(6) 76度

1(1) 図のように，角の大きさ
を●と×で表し，補助線を
引いて二等辺三角形をつく
る。このとき，三角形の内
角と外角の関係より，角㋐
の大きさは●2つ分と×2つ分の合計になる。

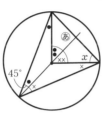

●1つ分と×1つ分の大きさの合計は45°であ
るので，

㋐＝45°×2＝90°

角xの大きさは，三角形の内角の和より，

（180°－90°）÷2＝45°

よって，角xの大きさは$\underline{45度}$。

(2) 下の三角形の角xの大
きさは，三角形の内角の
和より，

（180°－110°）÷2
＝35°

よって，角xの大きさ
は$\underline{35度}$。

補助線を引いて二等辺三角形をつくる。このとき，
㋐＝33°，㋑＝yである。四角形の1つの角の外側
の角はその角ととなり合っていない3つの内角の
和に等しいので，

33°＋㋐＋㋑＋y＝33°＋33°＋y＋y

＝110°

y＝22°

よって，角yの大きさは$\underline{22度}$。

(3) 二等辺三角形の底角はそれぞれ等しいので，㋐
＝25°，㋑＝30°，㋒＝x
である。角xの大きさは，
三角形の内角の和より，

25°＋㋐＋x＋㋒＋

㋑＋30°＝180°

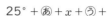

25°＋25°＋x＋x＋30°＋30°＝180°

x＝35°

よって，角xの大きさは$\underline{35度}$。

(4) 補助線を引いて二等辺
三角形をつくる。このと
き，㋐＝45°，㋑＝60°
である。四角形の1つの
角の外側の角はその角と

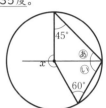

となりあっていない3つの内角の和に等しいこと
から考えて，xを求める。

45°＋㋐＋㋑＋60°

＝45°＋45°＋60°＋60°＝210°

よって，角xの大きさは$\underline{210度}$。

(5) 三角形の内角と外角
の関係より，

㋐＋㋐＝74°

㋐＝37°

よって，角㋐の大き
さは$\underline{37度}$。

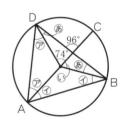

また，三角形の内角と外角の関係より，図の㋐
の大きさは，

㋐＋74°＝96°

㋐＝22°

㋑の大きさは，三角形の内角の和からわかって
いる角の大きさの合計をひいて求められるので，

㋐＋74°＋㋑＋㋐＝180°

22°＋74°＋㋑＋22°＝180°

㋑＝62°

また，三角形の内角と外角の関係より，図の角
㋑の大きさは，

㋑＋㋑＝62°

㋑＝31°

よって，角⑦の大きさは**31度**。

(6) 右の図のように，点O
と点Cを結んでできる二
等辺三角形OCAから，
角⑥の大きさを求める。

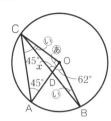

三角形の内角の和より，

⑥＝180°－45°×2＝90°

二等辺三角形OCBから，角⑥の大きさを求める
と，

62°＋⑥＋⑥＋⑥＝180°

62°＋90°＋⑥＋⑥＝180°

⑥＝14°

三角形ODBの内角と外角の関係より，図の角
xの大きさは，

x＝⑥＋62°

＝14°＋62°

＝76°

よって，角xの大きさは**76度**。

4 平行線と角

答え ❶

答え ❶

(1) 58度　(2) $x=30$度，$y=30$度

(3) 76度　(4) 39度

(5) 42度　(6) 60度

(7) 78度　(8) 61度

❶(1) 図のように，角xの頂点を通り2直線に平行な
補助線を引くと，平行線の同位角は等しいので，

ア＝35°

イ＝23°

x＝35°＋23°

＝58°

よって，角xの大きさは**58度**。

(2) 図のように2直線に平行な補助線を引くと，平
行線の同位角は等しいので，

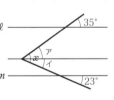

㋐＝120°

㋑＝30°

直線ℓの上側にでき
ている三角形の内角の和を利用して，

$x+30°+120°=180°$　$x=30°$

よって，角xの大きさは**30度**。

三角形ABCの内角の和から，

$x+90°+㋑+㋒=180°$

$30°+90°+30°+㋒=180°$

㋒＝30°

平行線のさっ角は等しいので，

$y=㋒=30°$

よって，角yの大きさは**30度**。

(3) 図のように2直線に平行な補助線を2本引くと，
平行線の同位角，さっ角は等しいので，

イ＝27°，オ＝26°，ウ＝エ

角イと角ウの間にある角の大きさは

180°－27°＝153°

であるから，

ウ＝203°－153°

＝50°

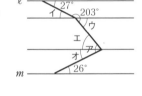

よって，エ＝50°

したがって，

ア＝エ＋オ＝50°＋26°＝76°

よって，角アの大きさは**76度**。

(4) 図のように，2直
線に平行な補助線3
本を引き，中央にで
きる四角形ABCD
に着目する。

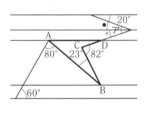

平行線のさっ角は等しいので，

60°＋80°＋角BAD＝180°

角BAD＝40°

角DCBはその角ととなり合っていない3つの
内角の和に等しいので，

82°＝角ADC＋40°＋23°

角ADC＝82°－（40°＋23°）＝19°

ここで，角アの●の大きさは20°，×の大きさ
は角ADCに等しいので，

角ア＝●＋×＝20°＋角ADC

＝39°

したがって，角アの大きさは**39度**。

(5) 平行四辺形の向かい合う角の大きさは等しいので，

$$\text{ア} + 108° = 125°$$
$$\text{ア} = 125° - 108°$$
$$= 17°$$

平行線のさっ角は等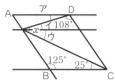
しいので，

$$\text{イ} = \text{ア} = 17°$$
$$\text{ウ} = 25°$$

したがって，

$$x = 17° + 25° = 42°$$

よって，角xの大きさは<u>42度</u>。

(6) 図のように直線ADと直線BCに平行な補助線を引くと，平行線のさっ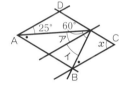
角は等しいので，

$$\text{ア} = 25°, \quad \text{イ} = ●$$

また，

$$\text{イ} = 60° - 25° = 35°$$

よって，●の大きさが35°だとわかるので，

$$\text{角DAB} = 25° + 35° = 60°$$

平行四辺形の向かい合う角の大きさは等しいので，

$$x = \text{角DAB} = 60°$$

したがって，角xの大きさは<u>60度</u>。

(7) 図のように直線ADと直線BCに平行な補助線を引くと，平行線のさっ角は等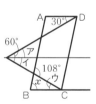
しいので，

$$\text{ア} = 30°, \quad \text{イ} = \text{ウ}$$
$$\text{イ} = 60° - 30° = 30°$$

であるから，角ウの大きさも30°である。
辺BCを底辺とする三角形の内角と外角の関係を利用して，

$$x + \text{ウ} = 108°$$
$$x = 108° - 30° = 78°$$

よって，角xの大きさは<u>78度</u>。

(8) 平行線のさっ角は等しいので，

$$\text{(あ)} = \text{(い)}$$

正方形を対角線で4等分した三角形は，<u>直角二等辺三角</u>

形になっているので，図のぬりつぶした部分の三角形の内角と外角の関係を利用して，

$$\text{(い)} = 45° + 16°$$
$$= 61°$$

よって，角(あ)の大きさは<u>61度</u>。

 5 **折り返した図形の角**

❶(1) 図のように角ア，角イとすると，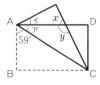

$$\text{角ア} = 90° - 59°$$
$$= 31°$$

折り返したので，

$$\text{角ア} + \text{角イ} = 59°$$
$$\text{角イ} = 59° - 31°$$
$$= 28°$$
$$28° + 90° + x = 180°$$
$$x = 62°$$

また，

$$x + y = 180°$$
$$y = 180° - 62°$$
$$= 118°$$

よって，角xの大きさは<u>62度</u>，角yの大きさは<u>118度</u>。

(2) 折り返しているので，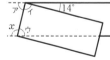

$$\text{角ア} = \text{角イ} = (180° - 14°) \div 2$$
$$= 83°$$

平行線のさっ角は等しいので，

$$\text{角ア} = \text{角ウ} = 83°$$
$$x + \text{角ウ} = 180°$$
$$x = 180° - 83°$$
$$= 97°$$

よって，角xの大きさは<u>97度</u>。

(3) 正方形内の点線を辺にもつ三角形は二等辺三角形である。よって，

$$ⓘ = 180° − 63° × 2 = 54°$$

折り返した図形なので，

$$ⓤ = (90° − 54°) ÷ 2$$
$$= 18°$$
$$ⓐ = 180° − 90° − 18°$$
$$= 72°$$

よって，角ⓐの大きさは<u>72</u>度。

(4) もとの図形は正三角形なので，

$$ⓘ = 180° − 82° − 60° = 38°$$

折り返した図形なので，

●の角の大きさは等しい。

ゆえに，角ⓘをふくむ

三角形の外角を考えると，

$$ⓘ + 60° = ⓐ × 2$$
$$ⓐ = (38° + 60°) ÷ 2 = 49°$$

よって，角ⓐの大きさは<u>49</u>度。

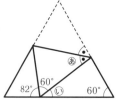

(5) 三角形ABCはAB＝ACの二等辺三角形なので，

$$角BAC = 180° − 68° × 2 = 44°$$

折り返した図形なので，図の●の角の大きさは等しい。

よって，辺DBを含む三角形の外角を考えたときに，

$$● × 2 = 68° + 30°$$
$$● = 98° ÷ 2 = 49°$$

三角形DEAで，角DAE＝角DA'Eであるから，

$$x = 180° − 44° − 49°$$
$$= 87°$$

よって，角xの大きさは<u>87</u>度。

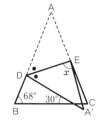

(6) もとの直角三角形の内角を考えて，

$$ア = 180° − 90° − 65° = 25°$$である。

折り返した図形なので，ア＝イあるから，角イの大きさは25°

角イ，角ウをふくむ三角形の内角を考えて，

$$ウ = 180° − 55° − 25°$$

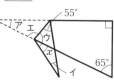

$$= 100°$$

ウ＝エより，

$$x = 100° × 2 − 180°$$
$$= 20°$$

よって，角xの大きさは<u>20</u>度。

(7) 折り返した図形なのでAC＝AO，円の半径は等しいからAO＝COが成り立つため，三角形OCAは正三角形である。よって，

$$角イ = 112° − 60°$$
$$= 52°$$

折り返した図形なので，ABとCOは垂直に交わっている。

$$ア = 180° − 90° − 52°$$
$$= 38°$$

よって，角アは<u>38</u>度。

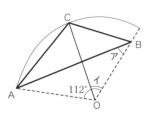

(8) (7)と同様に三角形OQPは正三角形である。また，折り返した図形で角アは角OQPの半分の大きさだから，

$$ア = 60° ÷ 2$$
$$= 30°$$

辺OQをふくむ直角三角形の外角を考えて，

$$x = 30° + 90°$$
$$= 120°$$

よって，角xの大きさは<u>120</u>度。

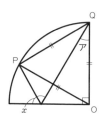

(9) (7)と同様に三角形ODAは正三角形であるため，

$$イ = 110° − 60°$$
$$= 50°$$

三角形OBDはOB＝ODの二等辺三角形なので，

$$ア = (180° − 50°) ÷ 2$$
$$= 65°$$

よって，角アの大きさは<u>65</u>度。

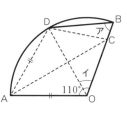

(10) (7)と同様に三角形OBCは正三角形であるため，

イ＝104°－60°＝44°

三角形OCAはOA＝OCの二

等辺三角形であるため，

ア＝（180°－44°）÷2

＝68°

よって，角アの大きさは**68度**。

(11) (7)と同様におう

ぎ形の内部に正三

角形ができる。

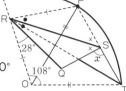

角ROP＝108°－60°

＝48°

三角形ROPはRO＝RPの二等辺三角形なので，

角ORP＝180°－48°×2＝84°

折り返した図形なので，図のしるしをつけた角

の大きさは等しいため，

角PRS＝（84°－28°）÷2＝28°

三角形PRSにおいて，

角RPS＝48°＋60°＝108°

角PSR＝180°－108°－28°＝44°

x＝180°－44°×2

＝92°

よって，角xの大きさは**92度**。

(12) 円の半径は等

しいので，

OC＝OP

＝OB

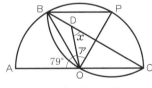

また，折り返した図形なので，OB＝PB，

OC＝PC

よって，三角形OPBと三角形OCPは正三角

形であるので，角POCの大きさは60°である。

ア＝180°－79°－60°

＝41°

折り返した図形なので，BCとPOは垂直に交

わっている。

x＝180°－90°－41°

＝49°

したがって，角xの大きさは**49度**。

---

⑥ 多角形の内角と外角

1(1) 角アの頂点をFとおく。

正五角形の1つの外角の大きさは

360°÷5＝72°

であるから，角BCFの大きさは72°

また，正五角形の1つの内角の大きさは

180°－72°＝108°より，

角ABCの小さいほうの角の大きさは108°である。

四角形ABCFについて，矢じりの形なので，

ア＋20°＋72°＝108°

ア＝108°－20°－72°

＝16°

よって，角アの大きさは**16度**。

(2) (1)で求めたように，正五角形の1つの内角の大

きさは108°である。

三角形CDBはCB＝CDの二等辺三角形なので，

角CBD＝（180°－108°）÷2

＝36°

三角形ABFにおいて，

角BAF＝108°＋60°

＝168°

また三角形BAFはAB＝AFの二等辺三角形な

ので，

角ABF＝（180°－168°）÷2

＝6°

⑥＝角ABC－角ABF－角CBD

＝108°－6°－36°

＝66°

よって，角⑥の大きさは**66度**。

(3) 5つの三角形それぞれ

について，三角形の内角

と外角の関係より，しる

しのついた角2つの合計

が，図のぬりつぶした角の大きさと等しい。

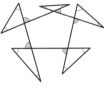

また，黒くぬりつぶした角は，中心にできている五角形の外角になっている。多角形の外角の和は，頂点がいくつの場合でも360°になるので，しるしをつけた角の大きさの合計は<u>360度</u>。

(4) (1)で求めたように，正五角形の1つの内角の大きさは108°であり，四角形AFCBにおいて，内角の和は360°であるから，

角FAB＝360°－角ABC－角BCF－角AFC
　　　＝84°

三角形IJAに着目すると，三角形の内角と外角の関係より，

角IJA＋角JIA＝84°

角IJA＝84°－60°＝24°

よって，

角AJD＝180°－24°＝156°

したがって，角AJDは<u>156度</u>。

7 ▷ 2つの円と角

答え	❶	(1) 60度　(2) 30度　(3) 135度
		(4) ア＝66度，イ＝18度，ウ＝12度
		(5) 15度　(6) 37度

❶(1) 図のように補助線を引いて，点A～Fを定める。

円の半径は等しいので，BC＝BD＝BF，FE＝FD＝FBであるから，

三角形BCDはBC＝BDの二等辺三角形，三角形FDEはFD＝FEの二等辺三角形，三角形BDFは正三角形である。

等しい大きさの角を✖，●で表すと，角BDC＋角BDF＋角FDE＝180°より，

✖＋●＋60°＝180°

✖＋●　　　＝120°

また，三角形ACEについて，内角の和より，

㋑＋✖＋●＝180°

㋑＝180°－120°

　＝60°

よって，角㋑の大きさは<u>60度</u>。

(2) 図のように補助線を引いて，点A～Dを定める。円の半径は等しいので，CB＝CA＝CD，BA＝BCであるため，三角形ABCは正三角形である。三角形CDAの外角に着目すると，

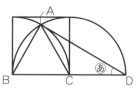

角CAD＋角CDA＝角ACB＝60°

また，CA＝CDより，角CAD＝角CDAだから，

㋐＝60°÷2＝30°

よって，角㋐の大きさは<u>30度</u>。

(3) 図のように補助線を引いて，点A～Dを定める。円の半径は等しいので，DB＝DC，CB＝CD

よって，三角形BDCは正三角形である。

また，外側の四角形は正方形なので，DC＝DAも成り立ち，三角形DBAはDA＝DBの二等辺三角形である。

角BDA＝90°－60°＝30°

角DBA＝(180°－30°)÷2＝75°

角DBCは60度なので，

㋐＝75°＋60°＝135°

よって，角㋐の大きさは<u>135度</u>。

(4) 三角形ABCについて，AB＝ACの二等辺三角形であるから，

ア＝(180°－48°)÷2＝66°

三角形BDCについて，円の半径よりBD＝BCが成り立ち，二等辺三角形であるので，

角DBC＝180°－66°×2＝48°

また，角ABCの大きさは角アに等しく66°であるから，

イ＝66°－48°＝18°

点DとEを結ぶ補助線を引くと，(1)と同様にDB＝DE＝BEより，三角形DBEは正三角形であるから，角DBE＝60°

ウ＝角DBE－角DBC＝60°－48°＝12°

よって，角アの大きさは66度，角イの大きさは18度，角ウの大きさは12度。

(5) 図のように補助線を引いて，A～Eを定める。

円の半径が等しいことから，(1)と同様に三角形ABEは正三角形，三角形BCEはBC＝BEの二等辺三角形，三角形ECDはEC＝EDの二等辺三角形である。

三角形BCEについて，三角形の内角と外角の関係(けい)より，

角BEC＋角BCE＝60°

また，角BEC＝角BCEであるから，

角BEC＝60°÷2＝30°

同様に，三角形ECDについて，

角ECD＋角EDC＝30°

さらに，角ECD＝角EDCであるから，

ア＝30°÷2＝15°

よって，角アの大きさは15度。

(6) 図のように補助線を引いて，A～Eを定める。円の半径が等しいことから，(1)と同様に三角形ADEは正三角形，三角形DABはDA＝DBの二等辺三角形，三角形DBEはDE＝DBの二等辺三角形である。

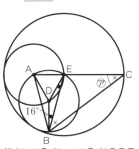

三角形DABにおいて，角DAB＝角DBAなので，

角ADB＝180°－16°×2＝148°

角DEB－角DBE＝●とすると，四角形EADBは矢じりの形なので，

角DAE＋角AEB＋角EBD＝148°

60°＋60°＋●＋●＝148°

●＋●＝28°

●＝14°

大きい円の半径に着目すると，三角形EBCもEB＝ECの二等辺三角形である。

角EBC＝角ECB＝アなので，三角形EBCに

ついて，三角形の内角と外角の関係より，

角ECB＋角EBC＝角AEB

ア＋ア＝60°＋14°

＝74°

ア＝74°÷2

＝37°

よって，角アの大きさは37度。

1～7 まとめ問題

答え

1
(1) 27度　(2) 23度　(3) 88度
(4) 92度　(5) 35度

2
(1) 116度　(2) 71度
(3) あ＝66度，い＝78度
(4) 540度　(5) 135度

1 (1) 図のように頂点(ちょうてん)と交点A～Hを定める。

角FGH＝180°－138°
＝42°

三角形の内角と外角の関係(かんけい)より，

角FHC＝角FGH＋角GFH
＝42°＋30°
＝72°

また，三角形HECについても同様に，

角FHC＝角HEC＋角HCE
が成り立つから，

あ＝角FHC－角HCE
＝72°－45°
＝27°

よって，角あの大きさは27度。

(2) 三角形DBCの内角の和より，

●＋○＋130°＝180°

●＋○　　　＝50°

よって，

●●＋○○　　　＝100°

三角形ABCの内角の和より，

●●●＋○○＋53°＝180°

●＋100°＋53°＝180°

●＝180°－153°＝27°

○＝50°－27°＝23°

よって，○で示した角の大きさは**23度**。

(3) 図のように頂点と交点A〜Hを定める。

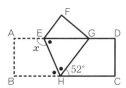

角EAB＝60°＋90°＝150°

三角形AEBはAE＝ABの二等辺三角形（にとうへんさんかくけい）なので，

角ABE＝(180°－150°)÷2

＝15°

角ADF＝90°＋45°

＝135°

角DAF＝180°－135°－28°

＝17°

角BAH＝90°－17°

＝73°

よって，

ア＝73°＋15°

＝88°

したがって，角アの大きさは**88度**。

(4) 図のようにA〜Cを定める。

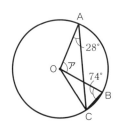

三角形OCAにおいて，円の半径（はんけい）が等しいことから，これはOA＝OCの二等辺三角形である。

よって，角OAC＝角OCAであるから，

角AOC＝180°－28°×2

＝124°

三角形OCBについても同様にOB＝OCの二等辺三角形であり，角OBC＝角OCBであるから，

角BOC＝180°－74°×2

＝32°

ア＝角AOC－角BOC

＝124°－32°

＝92°

よって，角アの大きさは**92度**。

(5) 図のように，長方形の横の辺と平行な補助線（ほじょせん）を引いて，角ア，イ，ウを定める。

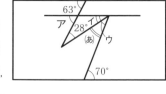

平行線のさっ角は等しいので，ウ＝70°

平行線の同位角（どういかく）は等しいので，ア＝63°

三角形の内角と外角の性質（せいしつ）より，

ア＝イ＋28°　イ＝35°

あ＝ウ－イ＝70°－35°＝35°

よって，角あは**35度**。

2 (1) 図のようにA〜Hを定める。折り返（お）した図形の角の大きさは等しいので，

角GHE＝角BHE

よって，

角BHE＝(180°－52°)÷2＝64°

また，平行線のさっ角は等しいので，

角GEH＝角BHE＝64°

角x＝180°－64°＝116°

よって，角xの大きさは**116度**。

(2) 図のようにA〜Hを定める。三角形GHFの内角と外角の関係より，

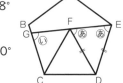

角GHF＝109°－60°

＝49°

対頂角は等しいから，

角CHE＝49°

あ＝180°－60°－49°

＝71°

よって，角あの大きさは**71度**。

(3) 図のように点Gを定める。正五角形の1つの内角の大きさは，

180°－360°÷5＝108°

であるから，

角EDF＝108°－60°

＝48°

三角形DEFはDE＝DFの二等辺三角形なので，

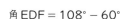

10

角 DEF ＝角 DFE ＝あ

あ＝（180°－48°）÷2

＝66°

また，三角形の内角と外角の関係より，

い＋角 GCF ＝角 CFE

＝60°＋66°

＝126°

角 BCF ＝108°－60°＝48°より，

い＝126°－48°

＝78°

よって，角あの大きさは66度，角いの大きさは78度。

(4) 図のように補助線を引いて，角く，け，こ，さを定める。

対頂角は等しいので，

く＝け

く＝180°－（え＋お）

け＝180°－（こ＋さ）

であるから，求める角あ，い，う，え，お，か，きの角度の和は，角あ，い，う，こ，さ，か，きの角度の和に等しいことがわかる。

これは五角形の内角の和になっている。

180°×（5－2）＝540°

よって，求める角度の和は540度。

(5) 図のように補助線を引いて，点C，Dを定める。

円の半径は等しく，また点Aを中心とする円と点Bを中心とする円の半径は等しいので，三角形ABCは正三角形である。よって，

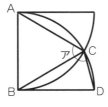

角 ACB ＝60°

角 DBC ＝90°－60°

＝30°

三角形BDCはBD＝BCの二等辺三角形なので，

角 BCD ＝角 BDC

角 BCD ＝（180°－30°）÷2

＝75°

ア＝角 ACB ＋角 BCD

＝60°＋75°

＝135°

よって，角アの大きさは135度。

8 おうぎ形の面積・弧の長さ

1(1) 求める面積は，半径8cm，中心角90°のおうぎ形の面積から，半径4cmの半円の面積をひいたものである。

$8 \times 8 \times 3.14 \times \dfrac{1}{4} - 4 \times 4 \times 3.14 \times \dfrac{1}{2}$

$= 25.12 (cm^2)$

よって，しゃ線部分の面積は25.12cm²。

(2) 図のように補助線を引くと，求める長さは半径4cm，中心角90°のおうぎ形の弧の長さ4つ分

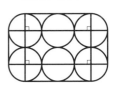

と，ひもの直線部分の長さをたしたものである。

ひもの直線部分は，円の中心と中心を結んだ直線に平行になる。長さは縦，横でそれぞれ，4×2＝8(cm)，4×4＝16(cm)となる。

$4 \times 2 \times 3.14 \times \dfrac{1}{4} \times 4 + 8 \times 2 + 16 \times 2$

$= 73.12 (cm)$

よって，求める長さは73.12cm。

(3) 求める面積は，図形全体の面積から白い部分の面積をひいたものであることを考えると，（半径4cmの半円の面積）＋（半径8cm，中心角45°のおうぎ形の面積）－（半径4cmの半円の面積）＝（半径8cm，中心角45°のおうぎ形の面積）となる。

$8 \times 8 \times 3.14 \times \dfrac{1}{8} = 25.12 (cm^2)$

よって，しゃ線部分の面積は25.12cm²。

(4) 円の半径がすべて等しいことから，4つの円の中心をつなげたときにできる四角形は正方形となり，ひもの直線部分はすべて5×2＝10(cm)

直線部分の長さの合計に，半径5cm，中心角90°のおうぎ形の弧の長さ4つ分をたしたものが求める答えとなる。

$$10 \times 4 + 5 \times 2 \times 3.14 \times \frac{90°}{360°} \times 4$$
$$= 71.4 \text{(cm)}$$

よって，求める長さは<u>71.4cm</u>。

(5) 右の図のように，しゃ線部分を移動させると，求める面積は半径10cm，中心角90°のおうぎ形の面積から，短い辺が10cmの直角二等辺三角形の面積をひいたものとなる。

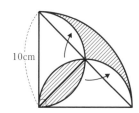

$$10 \times 10 \times 3.14 \times \frac{1}{4} - 10 \times 10 \div 2$$
$$= 28.5 \text{(cm}^2)$$

よって，しゃ線部分の面積は<u>28.5cm²</u>。

(6) 右の図のように補助線を引くと，求める長さはひもの直線部分の長さの合計と，半径1cmの円周の長さ1つ分をたしたものである。3つの円をつなげたときの両はしの円の中心間の長さは，$1 \times 4 = 4$ (cm)となる。それが3辺あるので，直線部分の合計は，$4 \times 3 = 12$ (cm)となる。

$$12 + 1 \times 2 \times 3.14 = 18.28 \text{(cm)}$$

よって，求める長さは<u>18.28cm</u>。

9 ▶ 円と正方形

答え
1

(1) 20.52cm²	(2) 18.84cm²
(3) 17.875cm²	(4) 21.5cm²
(5) 8cm²	
(6)①＝200cm²，②＝25cm²	

1(1) 正方形の面積は
$$6 \times 6 = 36 \text{(cm}^2)$$
円の半径を□cmとおくと，円の面積は，
$$□ \times □ \times 3.14 \text{(cm}^2)$$

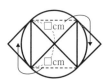

また，正方形の面積を求める式は，一辺が□cmの正方形2つ分と考えることができるので，
$$□ \times □ \times 2 \text{(cm}^2)$$
正方形の面積は36(cm²)なので，
$$□ \times □ \times 2 = 36$$
つまり，$□ \times □ = 18$
よって，円の面積は
$$18 \times 3.14 = 56.52 \text{(cm}^2)$$
しゃ線部分の面積は，$56.52 - 36 = 20.52$ (cm²)より，<u>20.52cm²</u>。

(2) 円の半径を□cmとする。円の面積は，
$$□ \times □ \times 3.14 \text{(cm}^2)$$
正方形の面積は，一辺の長さが□cmの小さい正方形の面積4つ分なので，
$$□ \times □ \times 4 = 24 \text{(cm}^2)$$
$$□ \times □ = 6$$
よって，円の面積は，$6 \times 3.14 = 18.84$ (cm²)より，<u>18.84cm²</u>。

(3) 小さい長方形の面積は，
$$2.5 \times 5 = 12.5 \text{(cm}^2)$$

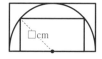

円の半径を□cmとおくと，半円の面積は，
$$□ \times □ \times 3.14 \times \frac{1}{2} \text{(cm}^2)$$

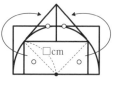

また，小さい長方形は，一辺が□cmの正方形の面積と等しいので，
$$□ \times □ \text{(cm}^2)$$
これが12.5cm²なので，$□ \times □ = 12.5$
半円の面積は，
$$12.5 \times 3.14 \div 2 = 19.625 \text{(cm}^2)$$
また，円の半径が□cmなので，大きい長方形の面積は，

$$□ \times □ \times 2 = 12.5 \times 2$$
$$= 25 \text{(cm}^2)$$
しゃ線部分の面積は，（大きい長方形）－（半円）＋（小さい長方形）で求められるので，
$$25 - 19.625 + 12.5 = 17.875 \text{(cm}^2)$$

よって，<u>17.875cm²</u>。

(4) 正方形の面積は，$10 \times 10 \div 2 = 50(cm^2)$である。

円の半径は5cmなので，面積は

$5 \times 5 \times 3.14 = 78.5(cm^2)$

折り返した部分の面積は等しいので，●と▲の面積は等しい。つまり，円の面積から正方形の面積をひいて求められる面積は▲の面積の合計と同じである。

$78.5 - 50 = 28.5(cm^2)$

しゃ線部分の面積は，正方形から▲の面積の合計をひいた面積なので，

$50 - 28.5 = 21.5(cm^2)$

よって，<u>21.5cm²</u>。

(5) 正方形ABCDの面積は16cm²。$16 = 4 \times 4$なので一辺の長さは4cmである。円の半径は正方形ABCDの一辺の長さの半分に等しいので，

$4 \div 2 = 2(cm)$

円の直径が正方形EFGHの対角線の長さに等しいので，正方形EFGHの面積は対角線×対角線÷2なので，$4 \times 4 \div 2 = 8(cm^2)$より，<u>8cm²</u>。

【別解】 円の半径を□cmとおいて，次のように解くこともできる。

円の半径を□cmとおくと，

$□ \times □ \times 4 = 16(cm^2)$

$□ \times □ = 4$

四角形EFGHの面積は□×□(cm²)の正方形2つ分なので，$□ \times □ \times 2 = 8(cm^2)$より，<u>8cm²</u>。

(6) 直線BDが20cmなので正方形ABCDの面積は，

$20 \times 20 \div 2$
$= 200(cm^2)$

しゃ線部分の面積を，図のように2つに分ける。

●の部分の面積は，点A，O，Bを通る半円から三角形OABの面積をひいて，その面積を半分にして求められる。

三角形OABは，BDの長さが20cmなのでBOの長さは10cm，AOの長さも10cmなので直角

二等辺三角形であり，面積は，

$10 \times 10 \div 2 = 50(cm^2)$

半円の面積は，半円の半径を□cmとおくと，

$□ \times □ \times 3.14 \div 2(cm^2)$

また，図のように三角形OABの面積は，□×□とも表せる。

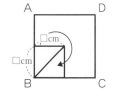

三角形OABの面積は50cm²なので，

$□ \times □ = 50$

よって，半円の面積は，

$50 \times 3.14 \div 2 = 78.5(cm^2)$

したがって，

$(78.5 - 50) \div 2 = 14.25(cm^2)$

▲の部分の面積は，三角形ABCの面積から，中心がBでOを通る円の4分の1の面積をひいて，その面積を半分にして求められる。

三角形ABCの面積は，

$□ \times □ \times 2 = 50 \times 2$
$= 100(cm^2)$

4分の1円は，半径が対角線の半分の10cmなので，面積は，

$10 \times 10 \times 3.14 \div 4 = 78.5(cm^2)$

$(100 - 78.5) \div 2 = 10.75(cm^2)$

しゃ線部分の面積は，●＋▲なので，

$14.25 + 10.75 = 25(cm^2)$

よって，答えは，① <u>200cm²</u>，② <u>25cm²</u>。

10 三角形と四角形（しゃ線部分の面積）

答え

1 (1) 9cm² (2) 12cm²
   (3) 24cm² (4) 46cm²

2 (1) 2400m² (2) 16m

3 (1) 10.5cm² (2) 28cm²
   (3) 10cm² (4) 50.5cm²

4 (1) $6\frac{3}{4}$cm² (2) $4\frac{1}{2}$cm²

1(1) 下の図のようにA～Fを定める。しゃ線部分の面積は，三角形DACから三角形DAEの面積をひくと求められる。三角形DACは底辺がAD，高さがABの三角形なので，面積は，

$$9 \times 6 \div 2$$
$$= 27 \,(\text{cm}^2)$$

三角形DAEの面積は，

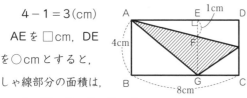

$$9 \times 4 \div 2 = 18 \,(\text{cm}^2)$$

しゃ線部分の三角形CDEの面積は，

$$27 - 18 = 9 \,(\text{cm}^2)$$ より，__9cm²__。

(2) 下の図のようにA～Gを定める。しゃ線部分の面積は，底辺をFGと見ると，高さがAEとDEの2つの三角形に分けることができる。FGの長さは，

$$4 - 1 = 3 \,(\text{cm})$$

AEを□cm，DEを○cmとすると，
しゃ線部分の面積は，

$$3 \times \square \div 2 + 3 \times \bigcirc \div 2$$
$$= 3 \times (\square + \bigcirc) \div 2 \,(\text{cm}^2)$$

AE＋DE＝ADより，

□＋○＝8(cm)なので，しゃ線部分の面積は，
$$3 \times 8 \div 2 = 12 \,(\text{cm}^2)$$ より，__12cm²__。

(3) 三角形ACDの面積から三角形AEDの面積をひいて求める。

三角形ACDの面積は，
$$8 \times 14 \div 2 = 56 \,(\text{cm}^2)$$

三角形AEDの高さについて考えると，三角形ABCの面積は，$12 \times 14 \div 2 = 84 \,(\text{cm}^2)$ より，

三角形EBCの面積は，
$$84 - 48 = 36 \,(\text{cm}^2)$$

よって，三角形EBCの高さは，$12 \times$ 高さ $\div 2$ ＝36より，6cmである。

したがって，三角形AEDの高さは，$14 - 6 = 8 \,(\text{cm})$ となるので，三角形AEDの面積は

$$8 \times 8 \div 2 = 32 \,(\text{cm}^2)$$

しゃ線部分の面積は，$56 - 32 = 24 \,(\text{cm}^2)$ よ

り，__24cm²__。

(4) 三角形ABCからしゃ線部分以外の面積をひけばよい。下の図より，三角形ABCと三角形ADEが直角二等辺三角形なので，三角形DBFも直角二等辺三角形とわかる。また，三角形CAGは三角形ABCを2等分したうちの1つなので，三角形CAGは三角形ABCの面積の半分だとわかる。

ゆえに，しゃ線部分以外の面積は，

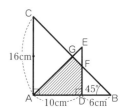

$$6 \times 6 \div 2 + 16 \times 16$$
$$\div 2 \div 2 = 82 \,(\text{cm}^2)$$

しゃ線部分の面積は，

$$16 \times 16 \div 2 - 82 = 128 - 82 = 46 \,(\text{cm}^2)$$ より，
__46cm²__。

2(1) 図のように，しゃ線部分は①と②に分かれていて，三角形ABCの面積と三角形CDEの面積の和から，三角形DEFをひくと求められる。ここで，三角形ABCと三角形CDEはどちらも底辺が60mの三角形であり，高さの和が150mである。三角形ABCの高さを□m，三角形CDEの高さを○mとおくと，しゃ線部分の面積は，

$$60 \times \square \div 2 + 60 \times \bigcirc \div 2 - 60 \times 70 \div 2$$
$$= 60 \times (\square + \bigcirc) \div 2 - 2100$$
$$= 60 \times 150 \div 2 - 2100$$
$$= 2400 \,(\text{m}^2)$$

よって，__2400m²__。

(2) この平行四辺形の高さは150m，面積は2400m²なので，底辺ABの長さは，

$$2400 \div 150 = 16 \,(\text{m})$$

よって，__16m__。

3(1) 図のように補助線を引き，三角形①と②に分ける。この①と②の面積をたせばよいので，しゃ線部分の面積は，

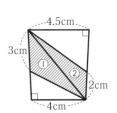

$$3 \times 4 \div 2 + 2 \times 4.5 \div 2 = 10.5 \, (\text{cm}^2)$$

よって，<u>10.5cm²</u>。

(2) しゃ線部分の面積は，長方形ABCDの面積から，三角形APDと三角形DQCの面積をひけばよいので，

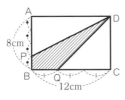

$$8 \times 12 - 6 \times 12 \div 2 - 8 \times 8 \div 2$$
$$= 28 \, (\text{cm}^2)$$

よって，<u>28cm²</u>。

(3) 台形ABCDの面積を求めるには，高さを求める必要があるため，右の図のように補助線を引き，BCとの交点をHとする。

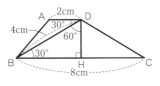

ここで，三角形DBHは内角が30°，60°，90°の三角形なので，DHの長さはBDの長さの半分とわかる。DH = 4 ÷ 2 = 2 (cm) より，台形ABCDの面積は，

$$(2 + 8) \times 2 \div 2 = 10 \, (\text{cm}^2)$$

よって，<u>10cm²</u>。

(4) 図のように補助線を引き，三角形①と②に分ける。

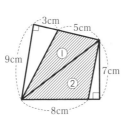

この①と②の面積をたせばよいので，しゃ線部分の面積は，

$$5 \times 9 \div 2 + 8 \times 7 \div 2 = 50.5 \, (\text{cm}^2)$$

よって，<u>50.5cm²</u>。

4 (1) BDを結ぶ。問題文より，AE = EBなので，三角形AEDと三角形EBDの面積は等しい。また三角形ABDの面積は平行四辺形ABCDの面積の半分なので，三角形AEDの面積は平行四辺形ABCDの面積の $\frac{1}{4}$ であることがわかる。ゆえに面積は，27 ÷ 4 = $6\frac{3}{4}$ (cm²) となる。

よって，$6\frac{3}{4}$ cm²。

(2) (1)と同様にして，三角形ABFの面積が平行四

辺形ABCDの面積の4分の1であり，面積が $6\frac{3}{4}$ cm²であることがわかる。

ここで，AGを結ぶ補助線を引くと，AE = EB，AF = FDより，三角形AEGと三角形EBG，三角形FAGと三角形DFGの面積はそれぞれ等しい。よって，三角形BEGと三角形DFGの面積は等しいとわかる。

したがって，四角形AEGFの面積は，三角形AEDの面積を3等分したうちの2つ分なので，

$$6\frac{3}{4} \times \frac{2}{3} = \frac{9}{2} = 4\frac{1}{2} \, (\text{cm}^2)$$

よって，$4\frac{1}{2}$ cm²。

11 三角形と四角形（等積変形）

答え

1 (1) 90cm²　(2) 4.5cm²
(3) 90cm²　(4) 24cm²

2 (1) 40cm²　(2) 16cm²

3 78.5cm²

4 10cm²

1 (1) 下の図のように等積変形していくと，三角形ABPは三角形ABQに，三角形DPCは三角形DQCになるため，ぬりつぶした部分の面積は，長方形ABCDの面積の半分になる。

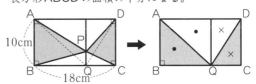

$$10 \times 18 \div 2 = 90 \, (\text{cm}^2)$$

よって，<u>90cm²</u>。

(2) 図のようにA〜Eを定める。底辺の長さと高さが等しい三角形ABDと三角形ABCは面積が等しいので，それぞれから三角形AEBをとりのぞいた三角形BCEと三角形AEDは面積が等しい。ゆえに，ぬりつぶした部分の面

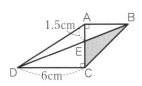

15

積は三角形AEDの面積と等しいので，$6 \times 1.5 \div 2 = 4.5 (cm^2)$ となる。よって，__4.5cm²__。

(3) 図のように，ぬりつぶされていない7つの三角形は等積変形

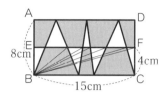

をおこなうと，面積の合計が三角形BFEの面積と同じになる。ゆえに，ぬりつぶした部分の面積を求めるには，長方形ABCDの面積からこの三角形BFEの面積をひけばよいので，

$$8 \times 15 - 15 \times 4 \div 2 = 90 (cm^2)$$

よって，__90cm²__。

(4) 図のように，ぬりつぶした部分の三角形5つを等積変形すると，面積の合計が三角形BCPの面積と同じになる。

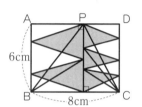

$$8 \times 6 \div 2 = 24 (cm^2)$$

よって，__24cm²__。

2 (1) 図のように等積変形していく（点Oは正六角形の中心）。ぬりつぶした部分の面積は，三角形OEFと三角形OCDの面積の和となる。

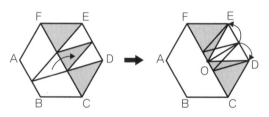

この2つの三角形は，それぞれ正六角形ABCDEFの$\frac{1}{6}$の大きさにあたるので，ぬりつぶした部分の面積は，

$$120 \times \frac{1}{6} \times 2 = 40 (cm^2)$$

よって，__40cm²__。

(2) 図のように等積変形していく。

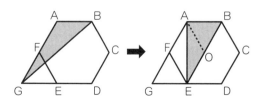

正六角形の中心である点Oは，平行な2辺ABとDEから等きょりにある。つまり，三角形AEBの面積は，三角形AOBの面積の2倍になる。

三角形AOBの面積は，正六角形ABCDEFの面積の$\frac{1}{6}$なので，$48 \times \frac{1}{6} = 8 (cm^2)$

したがって，三角形AEBの面積は，

$$8 \times 2 = 16 (cm^2)$$

よって，三角形AGBの面積は，__16cm²__。

3 図のように補助線を引く。

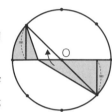

点Oは円の中心であり，図で示した部分の長さが等しくなっているため，等積変形が可能である。ぬりつぶした部分の面積は，おうぎ形2つ分になるため，

$$10 \times 10 \times 3.14 \times \frac{1}{8} \times 2 = 78.5 (cm^2)$$

よって，__78.5cm²__。

4 下の図のように補助線を引き，底辺と高さに注意して等積変形していくと，ぬりつぶした部分の面積は正方形2つ分と，三角形1つ分になる。

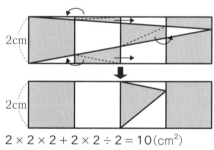

$$2 \times 2 \times 2 + 2 \times 2 \div 2 = 10 (cm^2)$$

よって，__10cm²__。

12 組み合わせた図形の面積・周の長さ

1 (1) 図の中に2つの直角三角形があり，2つの三角形に共通する部分があることに注目する。

㋐と㋑の部分の面積が等しいとき，2つの直角

三角形の面積は等しくなる。

辺BCの長さを□cmとすると，2つの三角形の面積について，□×4÷2＝6×8÷2という式が成り立つので，計算すると，□＝12(cm)

よって，**12cm**。

(2) この図形は，半径3cm，中心角120°のおうぎ形と，三角形COBからなり，角DOBを中心角としたおうぎ形の部分が共通している。

　⑦と⑦の部分の面積が等しいとき，半径3cm，中心角120°のおうぎ形の面積と，三角形COBの面積は等しくなる。

　辺CBの長さを□cmとすると，2つの部分の面積について，

$$3 \times 3 \times 3.14 \times \frac{120°}{360°} = 3 \times □ \div 2$$

という式が成り立つので，これを計算すると，□＝6.28(cm)となる。よって，**6.28cm**。

(3) 右の図のように⑦の部分の面積を考えると，

⑦－⑦
＝(⑦＋⑦)－(⑦＋⑦)

⑦＋⑦
$$= 4 \times 4 \times 3.14 \times \frac{1}{4}$$
$$= 12.56 (cm^2)$$

⑦＋⑦＝4×4÷2＝8(cm²)

⑦－⑦＝12.56－8＝4.56(cm²)

よって，求める面積は**4.56cm²**。

(4) 右の図のように⑦の部分の面積を考えると，

⑦－⑦＝(⑦＋⑦)－
(⑦＋⑦)

⑦＋⑦＝10×10×
$$3.14 \times \frac{1}{4} - 5 \times 10 \div 2$$
$$= 53.5 (cm^2)$$

⑦＋⑦＝5×10÷2
$$= 25 (cm^2)$$

⑦－⑦＝53.5－25
$$= 28.5 (cm^2)$$

よって，求める面積は**28.5cm²**。

2 (1) 図のように補助線を引くと，図形は三角形，正方形，長方形の3つの部分に分けられる。

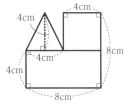

4×4÷2＋4×
4＋4×8
＝56(cm²)

よって，求める面積は**56cm²**。

(2) 右の図のように補助線を引くと，ぬりつぶした部分は4つの直角三角形と長方形に分けられる。

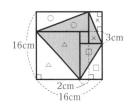

　4つの直角三角形の面積の合計は，一辺16cmの正方形の面積から長方形の面積をひいたものを半分にして求められる。これに長方形の面積をたしたものが，ぬりつぶした部分の面積となる。

(16×16－3×2)÷2＋3×2＝131(cm²)

よって，求める面積は**131cm²**。

(3) 正三角形の頂点から正方形の下の辺まで垂直な直線を引くと，正方形の辺の中点で交わる。ここで，ぬりつぶした部分を右の図のように等積変形する。求める面積は，3×6÷2＝9(cm²)より，**9cm²**。

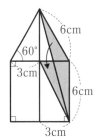

(4) 求める面積は，一辺7cmの正方形の面積から4つの直角三角形の面積をひいたものである。

7×7－2×5÷2×4＝29(cm²)

よって，**29cm²**。

(5) 図のようにA～Jをおく。これら3つの四角形は正方形なので，

DE＝EB，FG＝IF

よって，

AB＋BE＋EF＋FI＋IJ
＝AB＋DE＋EF＋FG＋IJ

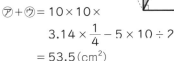

$$= 5 + 15 + 4$$
$$= 24 (\text{cm})$$

これが真ん中の正方形の辺3つ分の長さの和になるので，真ん中の正方形の一辺の長さは8cmとなる。全体の面積は，

$$3 \times 3 + 8 \times 8 + 4 \times 4 = 89 (\text{cm}^2)$$

よって，<u>89cm²</u>。

(6) 三角形の面積＋長方形の面積＝太いわくで囲まれた部分の面積＋重なり部分の台形の面積　となる。

$$40 \times 30 \div 2 + 30 \times 6$$
$$= 714 + (⑦ + 14) \times 6 \div 2$$

これを計算すると，⑦＝8(cm)より，<u>8cm</u>。

13 対称な図形を活用して面積を求める

答え

1 (1) 16cm²　　(2) 9cm²
(3) 50cm²　　(4) 8cm

1(1) 図のようにぬりつぶした部分を2つの三角形に分けると，それぞれの三角形は正六角形の面積の $\frac{1}{3}$ をさらに半分にしたもの $\left(=正六角形の面積の \frac{1}{6}\right)$ となる。

$$48 \times \frac{1}{6} \times 2 = 16 (\text{cm}^2)$$ より，求める面積は<u>16cm²</u>。

(2) 円は四角形の中にぴったり入っているので，直径は6cm，半径は3cmである。

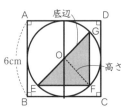

求める三角形の面積は，底辺が円の直径，高さが円の半径である。

$$6 \times 3 \div 2 = 9 (\text{cm}^2)$$

よって，求める面積は<u>9cm²</u>。

(3) 右の図のように対角線を引いて，それに平行になるように図形のまわりに直線をかき加え，点をE～Iと定める。

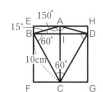

この図形は左右対称であるため，AB＝ADであり，角ABI＝角ADI＝(180°－150°)÷2＝15°である。もとの図の角B，Dが75°であることから，角IBC＝角IDC＝75°－15°＝60°であり，BC＝DCであることから角BCDも60°となるため，三角形BCDは正三角形であり，BD＝10cmである。

また，三角形ABC，ADCも二等辺三角形であるので，AC＝10cmである。図形の周りの補助線はAC，BDに平行でEF＝FG＝GH＝HE＝10cmとなり，四角形EFGHは正方形である。求める面積は，四角形EFGHの半分の面積だから，$10 \times 10 \times \frac{1}{2} = 50 (\text{cm}^2)$

よって，求める面積は<u>50cm²</u>。

(4) 図において，それぞれ辺の長さが等しいため⑦＝④，⑨＝④が成り立つ。

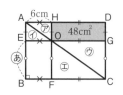

三角形ADCと三角形ABCは，面積が等しい。

上の2式より，面積の等しい部分に注目すると，四角形HOGDと四角形EBFOの面積は等しいことになる。

四角形EBFOの面積について，あ×6＝48(cm²)であり，あ＝8(cm)となる。

よって，求める長さは<u>8cm</u>。

8～13 まとめ問題

答え

1 (1) 16.56cm　　(2) 36.56cm
(3) 25.12cm²　　(4) 2.58cm²

2 (1) 14cm²　　(2) 33cm²
(3) 30cm²　　(4) 9cm²

3 (1) 150.72cm²　　(2) 47.1cm²
(3) 16cm²　　(4) 8cm²

1(1) 次の図のように点D，Eを定めると，求める長さは，角Bを中心角にしたおうぎ形の弧の長さ＋角Aを中心角にしたおうぎ形の弧の長さ＋角Cを中心角にしたおうぎ形の弧の長さ＋直線DAの

長さ＋直線BEの長さ
となる。

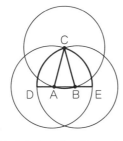

三角形ABCにおける
角Aと角Bと角Cの内
角の和は180°である。
また、円の半径が4cm、
直線ABの長さが2cmであるから、DA＝BE＝4
－2＝2(cm)。

$$4 \times 2 \times 3.14 \times \frac{角A＋角B＋角C}{360°} ＋ 2 \times 2$$
$$= 4 \times 2 \times 3.14 \times \frac{180°}{360°} ＋ 4$$
$$= 16.56(cm)$$

よって、16.56cm。

(2) 図のように補助線を引く。

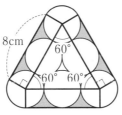

真ん中にできる三角形
は、三辺の長さが等しい
ので正三角形となり、求
める長さのうちの3つのおうぎ形の中心角はそれ
ぞれ、360°－(90°×2＋60°)＝120°となる。

このおうぎ形が3つなので、求めるおうぎ形の
中心角の合計は、120°×3＝360°より、円1つ
分となる。

求める長さにふくまれる3つの直線部分は、そ
れぞれ円の半径4つ分なので、2×4＝8(cm)が
3つあるということになる。

$$2 \times 2 \times 3.14 ＋ 8 \times 3 = 36.56(cm)$$

よって、求める長さは36.56cm。

(3) 図のようにぬりつぶし
た部分を移動させると、
求める面積は半径8cm、
中心角45°のおうぎ形と
なる。

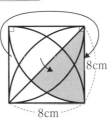

$$8 \times 8 \times 3.14 \times \frac{45°}{360°} = 25.12(cm^2)$$

よって、求める面積は、25.12cm²。

(4) 円の半径は、4÷2＝2(cm)
となる。

右の図の太線部分の面積は、

一辺2cmの正方形の面積から、半径2cm、中心
角90°のおうぎ形の面積をひいたものになる。

$$2 \times 2 － 2 \times 2 \times 3.14 \times \frac{1}{4} = 0.86(cm^2)$$

求める面積は、一辺4cmの正方形の面積から、
半径4cm、中心角90°のおうぎ形の面積と太線
部分の面積をひいたものである。

$$4 \times 4 － \left(4 \times 4 \times 3.14 \times \frac{1}{4} ＋ 0.86\right)$$
$$= 2.58(cm^2)$$

よって、2.58cm²。

2(1) 図のように補助線を
引き、2つの三角形に
分けて考える。

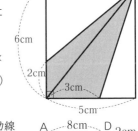

$$3 \times 6 ÷ 2 ＋ 2 \times$$
$$5 ÷ 2 = 14(cm^2)$$

よって、14cm²。

(2) 右の図のように補助線
を引き、2つの三角形に
分けて考える。

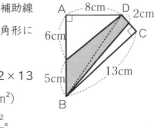

$$5 \times 8 ÷ 2 ＋ 2 \times 13$$
$$÷ 2 = 33(cm^2)$$

よって、33cm²。

(3) 図のように補助線EB
を引く。

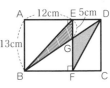

三角形DBFと三角形
EBFは、底辺と高さが
同じであるため同じ面積である。また、三角形
GBFが共通しているので三角形GEBと三角形
GFDは同じ面積である。

よって、ぬりつぶした部分の面積は三角形
GEBの面積と同じであるということになる。

$$5 \times 12 ÷ 2 = 30(cm^2)$$

したがって、30cm²。

(4) 図のように、2つ
の三角形を①と②と
する。①と②は底辺

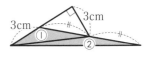

と高さが同じであるため、同じ面積である。

①の面積は、3×3÷2＝4.5(cm²)

よって、求める面積は、4.5×2＝9(cm²)

したがって，<u>9cm²</u>。

③(1) 図のようにA〜Eを
定め，補助線を引くと，
三角形ADE，三角形
DBO，三角形DOE，
三角形EOCの4つは
正三角形であることがわかる。

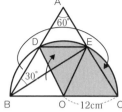

ぬりつぶした部分の一部を移動させると，求める面積は半径12cm，中心角120°のおうぎ形であることがわかる。

$$12 \times 12 \times 3.14 \times \frac{120°}{360°} = 150.72 (cm^2)$$

より，<u>150.72cm²</u>。

(2) 求める面積は，半径6cmの半円の面積から半径3cmの半円の面積と半径1cmの半円の面積をひいたものに，半径2cmの半円の面積をたしたものとなる。

$$\left(6 \times 6 \times 3.14 \times \frac{1}{2}\right) - \left(3 \times 3 \times 3.14 \times \frac{1}{2}\right)$$
$$- \left(1 \times 1 \times 3.14 \times \frac{1}{2}\right) + \left(2 \times 2 \times 3.14 \times \frac{1}{2}\right)$$
$$= 47.1 (cm^2) より，\underline{47.1cm^2}。$$

(3) 図のように補助線を引くと，⑦
と①はそれぞれ，正六角形を6等
分した正三角形，⑦と⑦は正六角
形を6等分した正三角形の半分を
組み合わせた形である。つまり，⑦〜①の面積の
合計は，正六角形を6等分した正三角形4つ分の
面積ということになる。

求める面積は$24 \times \frac{4}{6} = 16 (cm^2)$より，<u>16cm²</u>。

(4) 図のようにぬりつぶした部
分を一部移動させると，(3)で
求めた面積の半分であること
がわかる。

$$16 \times \frac{1}{2} = 8 (cm^2) より，$$
<u>8cm²</u>。

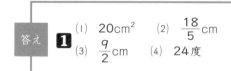

14 合同と相似

答え

❶ (1) 20cm²   (2) $\frac{18}{5}$cm

    (3) $\frac{9}{2}$cm   (4) 24度

❶(1) 三角形FEBと三角形CEDにおいて，

平行線のさっ角は等しいので，

角EFB＝角ECD，角EBF＝角EDC

よって，2組の角がそれぞれ等しいので，三角
形FEBと三角形CEDは相似の関係にある。

対応する辺の比は等しいので，

BE：DE＝FB：CD＝4：10＝2：5

三角形BCDの面積は，

$14 \times 10 \div 2 = 70 (cm^2)$

なので，しゃ線部分の面積は

$70 \div (2 + 5) \times 2 = 20 (cm^2)$

よって，<u>20cm²</u>。

(2) 三角形BAEと三角形DCEにおいて，

平行線のさっ角は等しいので，

角BAE＝角DCE，角ABE＝角CDE

よって，2組の角がそれぞれ等しいので，三角
形BAEと三角形DCEは相似の関係にある。

対応する辺の比は等しいので，

AE：CE＝BA：DC

      ＝9：6

      ＝3：2

EF：BA＝2：(2＋3)より，

$x : 9 = 2 : 5$

よって，xは$\frac{18}{5}$cm。

(3) 三角形BECと三角形BEFは3組の辺がそれぞ
れ等しいので，合同の関係にある。

角EFB＝角ECB＝90°

角DFE＋角DEF＝90°

角DFE＋角AFB＝90°

これより，

角DEF＝角AFB

角BAF＝角FDE

よって，2組の角がそれぞれ等しいので，

三角形ABFと三角形DFEは相似の関係にある。対応する辺の比は等しいので，

AF：DE ＝ AB：DF

　　　　 ＝ 4：1

よって，

14：DE ＝ 4：1

DE ＝ $\frac{7}{2}$（cm）

$x = 8 - \frac{7}{2} = \frac{9}{2}$（cm）より，$x$は$\frac{9}{2}$cm。

(4) 三角形CBHと三角形CEHは合同の関係にあるので，角HEC ＝ 角HBC ＝ 90°となる。

これより，

角ECH ＝ 180° － （90° ＋ 57°）

　　　　 ＝ 33°

角ECH ＝ 角BCH より，

角ECH ＝ 角BCH

　　　　 ＝ 33°

よって，

角DCF ＝ 90° － （33° ＋ 33°）

　　　　 ＝ 24°

また，三角形DFCと三角形EFGにおいて，

角DFC ＝ 角EFG

角FDC ＝ 角FEG

　　　　 ＝ 90°

よって，2組の角がそれぞれ等しいので，三角形DFCと三角形EFGは相似の関係にある。対応する角の大きさは等しいので，角xは24度。

15 ▷ 三角形の底辺や高さの比と面積比

答え **❶** (1) 60cm² (2) 4cm
(3) 72cm² (4) 4cm

❶(1) DE：CE ＝ 4：3 より，

$210 \times \frac{4}{4+3} \div 2 = 60$（cm²）

よって，60cm²。

(2) 三角形ABE：台形ABCD ＝ BE：（AD ＋ BC）

なので，2：（3 ＋ 2）＝ BE：（5 ＋ 10）

BE ＝ 6（cm）となる。

x ＝ BC － BE ＝ 10 － 6 ＝ 4（cm）より，xの長さは4cm。

(3) 平行四辺形ABCD：三角形DFC

＝ （AD ＋ BC）：FC ＝ （12 ＋ 12）：4

＝ 24：4

＝ 6：1

平行四辺形ABCDの面積は96cm²なので，三角形DFCの面積は，96 ÷ 6 ＝ 16（cm²）

よって，三角形ABEの面積は，16 ÷ 2 ＝ 8（cm²）

したがって，四角形EBFDの面積は，96 － （16 ＋ 8）＝ 72（cm²）より，72cm²。

(4) 三角形ABE：三角形AEC ＝ BE：EC ＝ 4：3 より，

三角形ABE：36 ＝ 4：3 となる。三角形ABEの面積は48cm²，三角形ABDの面積は16cm²なので，三角形DBEの面積は，48 － 16 ＝ 32（cm²）

三角形ABD：三角形DBE ＝ AD：DE より，

16：32 ＝ 2：x

よって，xの長さは4cm。

16 ▷ 相似比と面積（折り返した図形）

答え **❶** (1) 11cm² (2) $\frac{8}{3}$cm²
❷ $\frac{845}{48}$cm²
❸ 6cm²

❶(1) 三角形ABCの面積が20cm²であるから，AHの長さは，20 × 2 ÷ 8 ＝ 5（cm）である。

三角形ABHと三角形DBEは相似なので，

BE：BH ＝ 3：5

BE ＝ 3（cm）

三角形DFEと三角形DBEは合同なので，

BF ＝ 3 × 2 ＝ 6（cm）

ぬりつぶした部分の面積は，三角形ABCの面積から三角形DBFの面積をひけばよいので，

20 － （6 × 3 ÷ 2）＝ 11（cm²）より，11cm²。

(2) 折り返した図形なので，

$$AE = EF = 5cm$$

三角形EBFと三角形FCGと三角形IHGは相似。

$$FC : FG = EB : EF$$
$$= 3 : 5$$
$$FG = 2 \times \frac{5}{3}$$
$$= \frac{10}{3} \ (cm)$$
$$HG = HF - GF$$
$$= 6 - \frac{10}{3}$$
$$= \frac{8}{3} \ (cm)$$
$$HI : HG = BE : BF$$
$$= 3 : 4$$
$$HI = \frac{8}{3} \times \frac{3}{4}$$
$$= 2 \ (cm)$$

よって，求める三角形IHGの面積は，

$2 \times \dfrac{8}{3} \div 2 = \dfrac{8}{3}$ (cm²) より，$\underline{\dfrac{8}{3}cm^2}$。

2 図のように点Eから辺BDに垂直な線を引き，辺BDとの交点をHとする。三角形ABEと三角形CDEおいて，角A＝角C＝90°，AB＝CD＝5(cm)

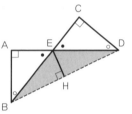

対頂角が等しいので，角AEB＝角CED

内角の和を考えて，角ABE＝角CDE

1組の辺とその両端の角がそれぞれ等しいので，三角形ABEと三角形CDEは合同である。

よって，BE＝DEなので，三角形EBDは二等辺三角形である。

BH＝DHとなるので，

$$BH = 13 \times \frac{1}{2} = \frac{13}{2} \ (cm)$$

三角形BEHと三角形BDCは相似なので，

$$BH : BC = \frac{13}{2} : 12$$
$$= 13 : 24$$
$$EH = 5 \times \frac{13}{24} = \frac{65}{24} \ (cm)$$

したがって，ぬりつぶした部分の面積は，

$13 \times \dfrac{65}{24} \div 2 = \dfrac{845}{48}$ (cm²) より $\underline{\dfrac{845}{48}cm^2}$。

3 三角形の内角の和は180°なので，角Bは60°。

よって，三角形DEFは，頂角が60°の二等辺三角形なので，正三角形である。

また，折り返した図形なので，三角形BEFと三角形DEFは合同であり，四角形EBFDはひし形である。

ⓐ＝180°－60°×2＝60°

が成り立つので，三角形DFC，三角形ABCは相似となる。

また，点Eから辺BCに垂直な線を引き，交点をGとすると，三角形EBGと三角形EFGと三角形DFCは合同な三角形であるから，

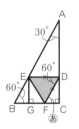

BC：FC＝3：1となる。

したがって，三角形ABCと三角形DFCの面積比は，9：1。また，三角形BEFと三角形DFCの面積比は，2：1。

よって，三角形DEFの面積は三角形BEFに等しいので，27÷9×2＝6(cm²) より，$\underline{6cm^2}$。

17 相似比と長さ（かげ）

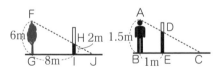

答え

1 (1) 1m　　(2) 3.5m

2 $\dfrac{7}{3}$ m

3 520m

1(1) 図のように補助線を引く。

三角形FGJと三角形HIJと三角形ABCと三角形DECは相似である。相似比からIJの長さを求める。

$$GJ : IJ = FG : HI$$
$$= 6 : 2$$
$$= 3 : 1$$

よって，

$$GI : IJ = 2 : 1$$
$$IJ = 8 \times \frac{1}{2} = 4 \ (m)$$

したがって，高さとかげの比が，HI：IJ＝2：
4＝1：2であることがわかる。

高さとかげの比から，BCの長さは，

BC＝1.5×2＝3（m）

よって，EC＝BC－BE＝3－1＝2（m）

高さとかげの比から，

DE＝2×$\frac{1}{2}$＝1（m）より，かげの長さは1m。

(2) 図のように棒とかげによる三角形FGHを作図する。

 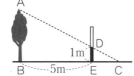

棒の高さとかげの長さの比は，

FG：GH＝1：2

三角形DECと三角形FGHは合同な三角形なので，EC＝2（m）である。

三角形ABCと三角形DECは相似なので，

AB：BC＝1：2

BC＝BE＋EC

＝5＋2＝7（m）

AB＝7×$\frac{1}{2}$＝3.5（m）より，木の高さは3.5m。

2 図のようにPAを結ぶ補助線を引き，箱の上面と交わる点をCとする。点CからPOに垂直な線を引き，

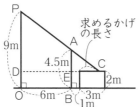

POとABと交わる点をそれぞれD，Eとすると，三角形PDCと三角形AECは相似である。

PD：AE＝（9－2）：（4.5－2）

＝14：5

DC：EC＝14：5

よって，DE：EC＝9：5となる。

EC＝6×$\frac{5}{9}$＝$\frac{10}{3}$（m）

したがって，かげの長さは，$\frac{10}{3}$－1＝$\frac{7}{3}$（m）より，$\frac{7}{3}$m。

3 ビルの高さと山の高さが，8：5に見えるときは，山が5kmのきょりにあるとしたときの高さである。

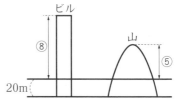

5km時点での，山の見た目の高さは，

（100－20）÷8×5＝50（m）

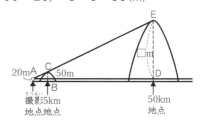

上の図のように点A〜Eをおくと

AB：AD＝CB：ED

5km＝5000m，50km＝50000mより，

5000：50＝50000：ED

ED＝500（m）

さつえい地点の高さが20mなので，山の高さは
500＋20＝520（m）より，520m。

答え
1 (1) 2：1　(2) 3：1　(3) 24cm²
2 103cm²

1(1) AE＝BFより，四角形ABFEは平行四辺形。

三角形ADGと三角形FBGは相似の関係にある。

AE＝DE＝BFより，AD：BF＝2：1なので，AG：GF＝2：1である。

また，三角形ABGと三角形FHGも相似の関係にあり，

AG：GF＝AB：HF＝2：1

AB：HF＝2：1　よって，2：1。

(2) DE＝BFより，DH：HB＝1：1である。

また，(1)よりBG：HG＝AB：HF＝2：1である。

DH：（BG＋HG）＝1：1であることから，

DH：HG：GB＝3：1：2

DH : HG = 3 : 1

よって、<u>3 : 1</u>。

(3) 補助線DFを引く。

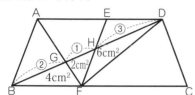

DH : HG : GB = 3 : 1 : 2より、三角形DHFの
面積は6cm²、三角形BFGの面積は4cm²である。

また、三角形BFDとFCDについて、

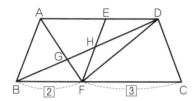

高さが等しいので、底辺の比2 : 3より、三角
形BFDとFCDの面積比も2 : 3となる。

三角形BFDの面積は、4 + 2 + 6 = 12(cm²)

三角形FCDの面積は、$12 \times \frac{3}{2} = 18$(cm²)。

よって、四角形HFCDの面積は、

18 + 6 = 24(cm²)より、<u>24cm²</u>。

2 図のように補助線
ACを引く。ACは平行
四辺形の対角線なので、
三角形ABCの面積は
平行四辺形ABCDの面積の$\frac{1}{2}$である。

また三角形HBGは、辺HB : 辺AB = 1 : 3、辺
BG : 辺BC = 7 : 12より、三角形HBGの面積は、
三角形ABCの面積の$\frac{1}{3} \times \frac{7}{12} = \frac{7}{36}$であり、三角
形ABCの面積は平行四辺形ABCDの面積の半分な
ので、三角形HBGの面積は平行四辺形の$\frac{7}{72}$であ
る。

よって、平行四辺形ABCDの面積は、

$14 \times \frac{72}{7} = 144$(cm²)

同様に、三角形DEFの面積は、全体の$\frac{3}{5} \times \frac{5}{8} \times$

$\frac{1}{2} = \frac{3}{16}$より、$144 \times \frac{3}{16} = 27$(cm²)となる。

したがって、六角形AHGCFEの面積は、

144 − 14 − 27 = 103(cm²)より、<u>103cm²</u>。

答え **1**
(1)① 解説の通り
② 25分後から26分後の間
③ 時速2.7km
(2)① 1200m ② 7時46分30秒

1(1)①

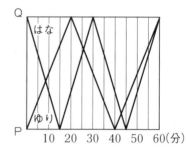

② 二人が2回目にすれちがう地点を求めるので、
2回目にすれちがう点をふくむ三角形の相似を
求める。横軸の目盛りを利用すると、三角形の
相似比は図のように2 : 5とわかる。時間につ
いて求めたいので、縦に線を引き、相似な三角
形をつくる。

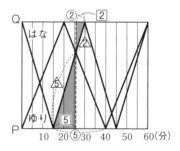

横軸を見ると、15分から30分の15分間を
5 : 2に分けている。よって、二人がすれちが
う地点の時間は、

$15 \times \frac{5}{5+2} = 10.71\cdots$

15分の10.7分後なので、出発してから<u>25</u>
<u>分後から26分後の間</u>である。

③ はなさんは2往復、つまりPQの片道を4回
移動している。4回の移動の道のりの合計が
3600mなので、

3600 ÷ 4 = 900(m)

よって，片道は900m。

ゆりさんは1往復半，つまりPQの片道を3回移動している。ここで，グラフより3回移動した時間がちょうど60分間だったので，時速を求めるにはゆりさんが移動した道のりの合計を求めればよい。つまり，

$$900 \times 3 = 2700 \, \text{(m)}$$

単位はkmで答えるので，2700m＝2.7km
したがって，時速2.7km。

(2)① 図のように相似な三角形を利用する。

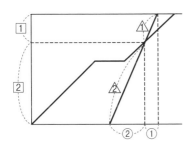

横軸の目盛りを利用すると，相似比は2：1とわかる。きょりを求めるので縦軸に比を移す。きょりの1800mを2：1に分ける。

よって，　$1800 \times \dfrac{2}{2+1} = 1200 \, \text{(m)}$　より，1200m。

② 問題文より，れんさんが休んだ時間は6分間。

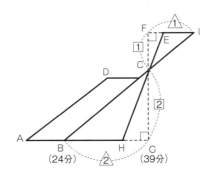

図のようにADと平行な補助線BCを引く。Bは7時18分の6分後である7時24分を示す点である。

①より，れんさんのお兄さんが追いついたのは1200mの地点なので，GC＝1200m，GF＝1800mより，

$$GC : CF = 2 : 1$$

三角形BCGと三角形ICFは相似の関係にあるので，

$$BG : IF = GC : CF = 2 : 1$$

BGは39－24＝15（分間）より，IFは15分の半分の7分30秒を表す。

よって，れんさんの到着時間は，Gの7時39分の7分30秒後で，7時46分30秒。

14〜19 まとめ問題

答え

1 (1) 56度

2 (1) 4cm　(2) 15cm

3 (1) 3cm²　(2) 15cm²
　(3) $\dfrac{486}{625}$cm²　(4) $\dfrac{36}{35}$cm²

4 (1) 3.5m　(2) 75m

5 (1) 4km　(2) 10時33分48秒

1(1) 折り返した図形より，三角形EBCと三角形EBFは合同なので，角BEC＝角BEF＝62°

よって，角HED＝180°－62°×2＝56°

また，角F＝角D＝90°，角FHG＝角DHE
より，三角形FHGと三角形DHEは相似な三角形なので，角x＝角HED＝56°

よって，角xは56度。

2(1) BAとCDをそれぞれ
AとDの方向にのばし，
交点をHとする。

三角形HADと三角形
HBCは相似で，相似比は，

$$AD : BC = 3 : 6$$
$$= 1 : 2$$

よって，

$$HA : AB = 1 : 1$$

次に，ADとGCが平行なので，

三角形AEDと三角形BEGは相似で，相似比は，

$$AD : BG = 3 : 6 = 1 : 2$$

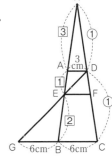

したがって，AE：BE＝1：2

ここで，

　　HA：AE：EB＝(1＋2)：1：2

　　　　　　　　　＝3：1：2

また，三角形HEFと三角形HBCは相似で相似比は，

　　HE：HB＝4：6

　　　　　＝2：3

よって，EFの長さは，$6 \times \dfrac{2}{3} = 4$(cm)より，

<u>4cm</u>。

(2)　BGとADをそれぞれG，Dの方向へのばしたときの交点をIとする。

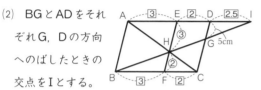

三角形AHEと三角形CHFは相似で，相似比は，EH：HF＝3：2

ここで，FC＝EDより，

　　AE：ED＝AE：FC＝EH：HF＝3：2

次に，三角形EHIと三角形FHBは相似で，その相似比は，EH：HF＝3：2であり，

　　EI：FB＝(3÷2×3)：3

　　　　　＝4.5：3

また，三角形IDGと三角形IABは相似で，相似比が，

　　ID：IA＝(4.5-2)：(4.5＋3)

　　　　　＝5：15

よって，AB＝5×3＝15(cm)より，<u>15cm</u>。

❸(1)　ABとDCが平行なので，三角形AGKと三角形CHKは相似で，相似比，AG：CH＝4：2＝2：1である。よって，AK：KC＝2：1

次に，ADとBCが平行なので，三角形AEIと三角形CFIは相似で，相似比は，

　　AE：CF＝3：6＝1：2

したがって，AI：IC＝1：2なので，

　　AI：IK：KC＝1：1：1

また，ABとEFが平行なので，三角形KAGと三角形KIJが相似で，相似比は，KA：KI＝2：1であるから，

面積比は，三角形KAG：三角形KIJ＝4：1

よって，三角形KIJの面積は，

$4 \times \left(9 \times \dfrac{2}{3}\right) \div 2 \times \dfrac{1}{4} = 3$(cm²)より，<u>3cm²</u>。

(2)　CFとDAをそれぞれFとAの方向にのばしたときに交わる点をHとする。ADとBCが平行なので，三角形HAFと三角形CBFは相似であり，相似比は，AF：FB＝1：1であるから，

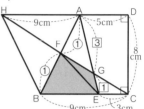

　　HA＝CB＝9cm

また，ADとBCが平行なので，三角形HAGと三角形CEGは相似で，その相似比は，

　　HA：CE＝9：3

　　　　　＝3：1

四角形BEGFの面積は，三角形FBEと三角形FEGの面積の和と等しく，三角形FBEの面積は，

　　(9－3)×8÷2÷2＝12(cm²)

三角形FEGの面積は，AF：FB＝1：1とAG：GE＝3：1より，$12 \times \dfrac{1}{1+3} = 3$(cm²)

よって，四角形BEGFの面積は，

12＋3＝15(cm²)より，<u>15cm²</u>。

(3)　GE，ABをそれぞれEとBの方向にのばし交点をHとする。

AHとDCが平行なので，三角形BHEと三角形CDEは相似である。

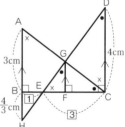

　　BE：CE＝1：3

より，BH＝$CD \times \dfrac{1}{3} = 4 \times \dfrac{1}{3} = \dfrac{4}{3}$(cm)

また，三角形AHGと三角形CDGは相似で，相似比が，AH：CD＝$\left(3 + \dfrac{4}{3}\right)$：4＝13：12

　　AG：GC＝BF：FC＝13：12

　　BE：EF：FC

　　＝1×25：(3×25－12×4)：12×4

　　＝25：27：48

ここで，三角形BHEと三角形FGEは相似で相似比がBE：FE＝25：27なので，

26

三角形EFGの面積は,

$$\left(1 \times \frac{4}{3} \div 2\right) \times \frac{27}{25} \times \frac{27}{25} = \frac{486}{625} \ (\text{cm}^2)$$

より, $\underline{\dfrac{486}{625} \text{cm}^2}$。

(4) ADとBCが平行なので, 三角形AEPと三角形CBPは相似である。

相似比は,

AE : CB = 3 : 4

よって,

AP : PC = 3 : 4

三角形AEQと三角形CFQは相似。

相似比は,

AE : CF = 3 : 2

したがって,

AQ : QC = 3 : 2となる。

2つの比をそろえると, 図のようになる。

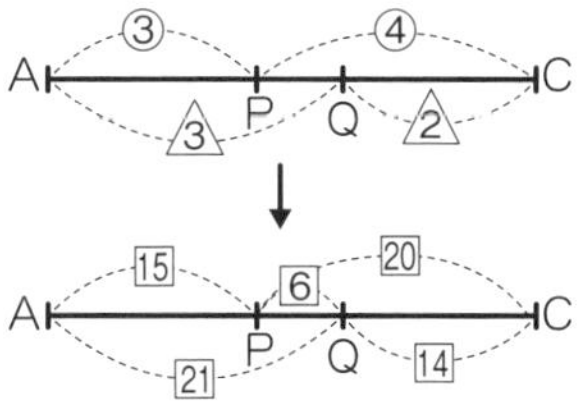

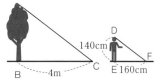

よって, 三角形EPQの面積は,

$$3 \times 4 \div 2 \times \frac{6}{15+6+14} = \frac{36}{35} \ (\text{cm}^2)$$ より,

$\underline{\dfrac{36}{35} \text{cm}^2}$。

4 (1) 図のような, 木とかげによる三角形ABCとAさんとかげによる三角形DEFは相似である。

よって, 木の高さは, $4 \times \dfrac{140}{160} = 3.5 \ (\text{m})$ より,

$\underline{3.5\text{m}}$。

(2) (1)と同じように, タワーの高さとかげの長さの比と, Bさんとかげの長さの比は等しい。よって,

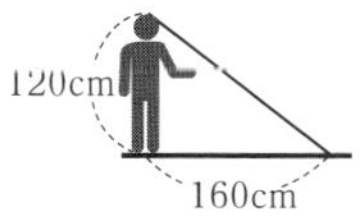

（タワーの高さ）:（かげの長さ）= 120 : 160

= 3 : 4

これより, ビルがない場合のかげの長さは,

$$150 \times \frac{4}{3} = 200 \ (\text{m})$$

次の図のように, タワーの高さ, 実際のタワー

のかげの長さ, ビルのかげの関係を表したとき, 三角形ABCと三角形DECは相似であり,

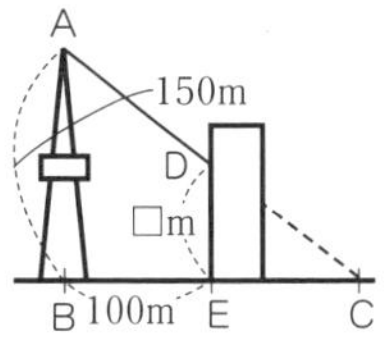

EC = 200 − 100

= 100 (m)

$$DE = 100 \times \frac{3}{4}$$

= 75 (m) より, $\underline{75\text{m}}$。

5 (1) 地点P, Q間のきょりを□kmとする。

Aさんが自転車で移動したときにかかった時間は,

10時41分 − 10時 = 41分

速度ときょりの関係から, 往復したときの時間はそれぞれ

P→Qのとき: □ ÷ 15 × 60 = 4 × □ (分)

Q→Pのとき: □ ÷ 12 × 60 = 5 × □ (分)

休けいした時間は5分間なので,

（4 × □）+（5 × □）+ 5 = 41　□ = 4 (km)

よって, 地点P, Q間のきょりは, $\underline{4\text{km}}$。

(2) (1)の結果から, Aさんが自転車で往復したときの時間はそれぞれ

P→Qのとき: 4 ÷ 15 × 60 = 16 (分)

Q→Pのとき: 4 ÷ 12 × 60 = 20 (分)

Bさんが自転車で往復したときの時間はそれぞれ

Q→Pのとき: 4 ÷ 12 × 60 = 20 (分)

P→Qのとき: 4 ÷ 8 × 60 = 30 (分)

ダイヤグラムは下の図のようになる。

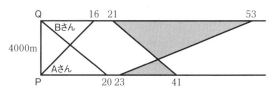

ぬりつぶした部分の三角形は相似で, 相似比は,

18 : 32 = 9 : 16 だとわかる。

Aさんが2回目にBさんに出会った時間は, Bさんが地点Pから地点Qまで移動するのにかかる時間30分を9 : 16にすればよいので,

$$30 \times \frac{9}{9+16} = 10.8 \ (\text{分})$$

よって, 2回目に出会った時刻は,

10時23分 + 10.8分 = 10時33.8分

したがって, $\underline{10\text{時}33\text{分}48\text{秒}}$。

20 平行移動

答え

1 (1) 50秒後　(2) 687.5cm²

2 (1) 2秒後　(2) 4cm²
　　(3) 32cm²　(4) 28cm²

1 (1) 2つの図形が重なり終わるのは，点Cと点Gが重なるときである。この2点は100cmはなれているため，

$$100 \div 2 = 50(秒)$$

よって，<u>50秒後</u>。

(2) 10秒後に重なってできるのは，右の図でかげになっている台形の部分である。HAの長さを求める。直線DAをのばし，辺EFと交わった点をIとする。

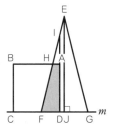

また，頂点Eから直線mに垂直な補助線を引き，直線mと交わる点をJとする。三角形IFDと三角形EFJは相似であるため，

$$ID : EJ = FD : FJ$$

$FD = 2 \times 10 = 20(cm)$，$FJ = 50 \div 2 = 25(cm)$ なので，

$$ID : 100 = 20 : 25 = 4 : 5$$

であるため，IDの長さは，

$$100 \times \frac{4}{5} = 80(cm)$$

三角形IHAと三角形IFDは相似であるため，

$$HA : FD = IA : ID$$

IAの長さは $80 - 50 = 30(cm)$ であるため，

$$HA : 20 = 30 : 80$$
$$= 3 : 8$$

より，AHの長さは，$20 \times \frac{3}{8} = 7.5(cm)$ である。

よって，重なった部分である台形の面積は，

$$(7.5 + 20) \times 50 \div 2$$
$$= 687.5(cm^2)$$

したがって，<u>687.5cm²</u>。

2 (1) 2つの図形が重なり始めるのは，点Cと点Fが

重なるときである。この2点は4cmはなれているため，$4 \div 2 = 2(秒)$

よって，<u>2秒後</u>。

(2) 3秒後に重なってできるのは，右の図でかげになっている直角三角形の部分である。底辺FCの長さは，

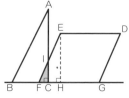

$$2 \times 3 - 4 = 2(cm)$$

三角形IFCと三角形EFHは相似であるため，IC：EH＝FC：FHが成り立つ。ここから，IC：8＝2：4＝1：2である。

よって，ICの長さは，

$$8 \div 2 \times 1 = 4(cm)$$

これより，重なった部分である三角形IFCの面積は，

$$2 \times 4 \div 2 = 4(cm^2)$$

したがって，<u>4cm²</u>。

(3) 7秒後に重なってできるのは，右の図でかげになっている台形の部分である。

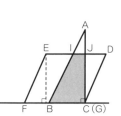

IJの長さを求める。

三角形AIJと三角形ABCは相似であるため，

$$IJ : BC = AJ : AC$$

ここから，IJ：6＝(12－8)：12＝1：3

よって，IJの長さは，

$$6 \div 3 \times 1 = 2(cm)$$

重なってできた部分である台形JIBCの面積は

$$(2 + 6) \times 8 \div 2 = 32(cm^2)$$

したがって，<u>32cm²</u>。

(4) 8秒後に重なってできるのは，右の図でかげになっている部分である。このかげの部分は，四角形JIBCから三角形KCGの面積をひけば求められる。

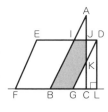

四角形JIBCの面積を求める。(3)より，IJの長

さは2cmなので，面積は，

$$(2 + 6) \times 8 \div 2 = 32 (\text{cm}^2)$$

三角形KCGの面積を求めるため，平行四辺形の頂点Dから垂直に補助線を引く。三角形KCGと三角形DLGは相似であるため，

$$KC : DL = GC : GL$$

が成り立つ。ここから，

$$KC : 8 = 2 : 4$$
$$= 1 : 2$$

よって，KCの長さは，

$$8 \div 2 \times 1 = 4 (\text{cm})$$

これより，三角形KCGの面積は，

$$2 \times 4 \div 2 = 4 (\text{cm}^2)$$

これらから，重なった部分の面積を求めると，

$$32 - 4 = 28 (\text{cm}^2)$$

したがって，<u>28cm²</u>。

21 回転移動

1(1)　点Aが移動した長さは，半径12cm，中心角90°のおうぎ形の弧の長さである。これより，

$$12 \times 2 \times 3.14 \times \frac{90°}{360°} = 18.84 (\text{cm})$$

よって，<u>18.84cm</u>。

(2)　右の図のぬりつぶした部分の面積を求める。図のように，太線で囲まれたぬりつぶした部分の一部を移動させる。求める図形の面積は，大きいおうぎ形から小さいおうぎ形の面積をひいたものになる。

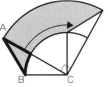

まず，大きいおうぎ形の面積を求める。

$$12 \times 12 \times 3.14 \times \frac{90°}{360°} = 113.04 (\text{cm}^2)$$

次に，小さいおうぎ形の面積を求める。

$$8 \times 8 \times 3.14 \times \frac{90°}{360°} = 50.24 (\text{cm}^2)$$

これより，求める面積は

$$113.04 - 50.24 = 62.8 (\text{cm}^2)$$

よって，<u>62.8cm²</u>。

2(1)

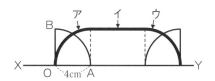

点Oが通った線は図の太線のようになる。ア，イ，ウの3つの部分に分けて考える。

アとウは曲線であり，どちらも半径4cm，中心角90°のおうぎ形の弧である。次に，イはおうぎ形OABの弧の部分が直線XY上を通った部分であり，点Oから弧までの長さは一定のため，イは直線であり，その長さは半径4cm，中心角90°のおうぎ形の弧の長さと等しい。

これらから，点Oの通った線の長さは半径4cm，中心角90°のおうぎ形の弧3つ分の長さである。よって，

$$4 \times 2 \times 3.14 \times \frac{90°}{360°} \times 3 = 18.84 (\text{cm})$$

したがって，求める長さは<u>18.84cm</u>。

(2)　アとウの部分は，半径4cm，中心角90°のおうぎ形になるため，

$$4 \times 4 \times 3.14 \times \frac{90°}{360°} \times 2 = 25.12 (\text{cm}^2)$$

そして，イの部分は，縦がおうぎ形の半径と同じく4cmであり，横はおうぎ形の弧の長さと等しいので，

$$4 \times 4 \times 2 \times 3.14 \times \frac{90°}{360°} = 25.12 (\text{cm}^2)$$

よって，この面積をたすと，

$$25.12 + 25.12 = 50.24 (\text{cm}^2)$$

したがって，求める面積は<u>50.24cm²</u>。

22 転がり移動

1(1)　中心がえがく線は，右の図のようになる。3つの角の部分を合わせると，半径1cmの円の円周の

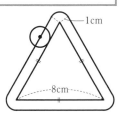

長さと同じになる。これを求めると，

$$1 \times 2 \times 3.14 = 6.28 \text{(cm)}$$

直線部分の長さは正三角形の一辺の長さと同じなので，すべての長さをたし合わせると，

$$8 \times 3 + 6.28 = 30.28 \text{(cm)}$$

よって，求める長さは30.28cm。

(2) 右の図のぬりつぶした部分の面積を求める。3つの角の部分の面積を合わせると，半径2cmの円の面積と同じになる。これを求めると，

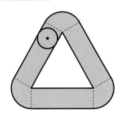

$$2 \times 2 \times 3.14 = 12.56 \text{(cm}^2)$$

長方形の部分の面積を求めると，

$$2 \times 8 \times 3 = 48 \text{(cm}^2)$$

これらをたし合わせると，

$$12.56 + 48 = 60.56 \text{(cm}^2)$$

よって，求める面積は60.56cm²。

2 (1) 中心がえがく線は，右の図のようになる。4つの角の長さを合わせると，半径1cmの円周の長さと同じになる。これを求めると，

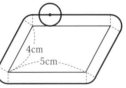

$$1 \times 2 \times 3.14 = 6.28 \text{(cm)}$$

また，直線部分の長さは平行四辺形の辺の長さと同じなので

$$4 \times 2 + 5 \times 2 = 18 \text{(cm)}$$

これらをたし合わせると，

$$6.28 + 18 = 24.28 \text{(cm)}$$

よって，求める長さは24.28cm。

(2) 右のぬりつぶした部分の面積を求める。4つの角の曲線部分の面積を合わせると，半径2cmの円の面積と同じになるので，

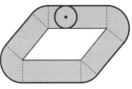

$$2 \times 2 \times 3.14 = 12.56 \text{(cm}^2)$$

残りの部分は縦2cm横4cmの長方形2つと，縦2cm横5cmの長方形2つに分けることができ

る。これらの面積を求めると，

$$2 \times 4 \times 2 + 2 \times 5 \times 2 = 36 \text{(cm}^2)$$

これらをたし合わせると，

$$12.56 + 36 = 48.56 \text{(cm}^2)$$

よって，求める面積は48.56cm²。

23 点の移動と面積（図形上を動く点）

答え

1 (1) 3.6秒後　(2) 36秒後
(3) 1.8秒後，30cm²

2 (1) 15秒後　(2) 75秒後

1 (1) 点Pの回転する速さは，

毎秒　$360° \div 18 = 20°$

点Qの回転する速さは，

毎秒　$360° \div 12 = 30°$

すなわち角POQの大きさは，

毎秒　$20° + 30° = 50°$ずつ大きくなる。

PQのきょりがもっとも長くなるとき，P，O，Qの順に一直線上に並ぶ。すなわち点Pと点Qの動いた角度の和が180°になるときであるから，初めて最も長くなるときの時間は，

$$180° \div 50° = 3.6 \text{(秒後)} より，　3.6秒後。$$

(2) 出発点にもどるのにかかる時間は，点Pが18秒，点Qが12秒なので，初めて同時にもどるときは18と12の最小公倍数を考えればよい。

よって，36秒後。

(3) 三角形OPQの面積が最大になるのは，POとQOの間の角度である角POQが90°のときである。

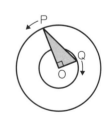

よって，初めて角POQが90°になるのは，

$$90° \div 50° = 1.8 \text{(秒後)}$$

また，このときの面積は，POとQOの長さから

$$10 \times 6 \div 2 = 30 \text{(cm}^2)$$

したがって，初めて三角形OPQの面積が最大になるのは，1.8秒後で，30cm²。

2(1) 点Aの回転する速さは，

毎秒　360° ÷ 15 = 24°

点Cの回転する速さは，

毎秒　360° ÷ 12 = 30°

すなわち角AOCの大きさは，

毎秒　30° − 24° = 6° ずつ大きくなる。

ACのきょりがもっとも長くなるとき，A，O，Cの順に一直線上にならぶ。すなわち角AOCの角度が180°になるときである。ここで，点Aと点Cの出発点は90°はなれているので，点Aと点Cが動いた角度の差は，

180° − 90° = 90°

初めてACのきょりが最も長くなるときの時間は，90° ÷ 6° = 15（秒後）より，　<u>15秒後</u>。

(2) (1)のときの点Bの位置は，点Bの回転する速さが，

毎秒　360° ÷ 30 = 12°

なので，12° × 15 = 180°の位置であり，これは直線AC上になる（右図）。

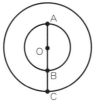

次に3点A，B，Cが右の図のようになるまでの秒数は，この状態から，それぞれが1周するのにかかる時間の最小公倍数を求めることによってわかる。15，30，12の最小公倍数は60なので，図の状態から60秒後にふたたび同じ位置になる。出発してからの時間は，15 + 60 = 75（秒後）となる。

よって，答えは<u>75秒後</u>。

---

24 ▶ 点の移動と面積（まきつけ）

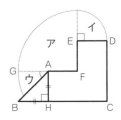

点Aから辺BCに垂直な線を引くと，三角形ABHは直角二等辺三角形になる。

よって，おうぎ形ウの中心角は，

90° − 45° = 45°

また，おうぎ形ア，イ，ウの半径はそれぞれ，6cm，3cm，3cmであるから，

おうぎ形アの弧の長さは，

$6 × 2 × 3.14 × \dfrac{90°}{360°} = 9.42$（cm）

おうぎ形イの弧の長さは，

$3 × 2 × 3.14 × \dfrac{90°}{360°} = 4.71$（cm）

おうぎ形ウの弧の長さは，

$3 × 2 × 3.14 × \dfrac{45°}{360°} = 2.355$（cm）

したがって，点Gが動く長さは，9.42 + 4.71 + 2.355 = 16.485（cm）より，　<u>16.485cm</u>。

(2) GFが通過した面積は，おうぎ形ア，イ，ウの面積の和と等しい。

おうぎ形アの面積は，

$6 × 6 × 3.14 × \dfrac{90°}{360°} = 28.26$（cm²）

おうぎ形イの面積は，

$3 × 3 × 3.14 × \dfrac{90°}{360°} = 7.065$（cm²）

おうぎ形ウの面積は，

$3 × 3 × 3.14 × \dfrac{45°}{360°} = 3.5325$（cm²）

よって，GFが通過した面積は，

28.26 + 7.065 + 3.5325 = 38.8575（cm²）より，求める面積は，<u>38.8575cm²</u>。

2 犬は，右の図の範囲を動くことができる。

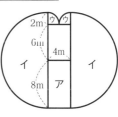

アは長方形，イとウはおうぎ形であり，左右対称である。

アの面積は，

8 × 4 = 32（m²）

イ，ウの中心角は，それぞれ，180°，90°

イ，ウの半径は，それぞれ，8m，2mであるから，

おうぎ形イの面積は，

答え

1(1)　16.485cm　　(2)　38.8575cm²

2　239.24m²

3　11.775cm²

1(1) 点Gの動いた範囲は，次の図のようになり，おうぎ形3つを組み合わせた形になる。

おうぎ形ア，イの中心角は90°。

31

$$8 \times 8 \times 3.14 \times \frac{180°}{360°} = 100.48 (\text{m}^2)$$

おうぎ形ウの面積は，

$$2 \times 2 \times 3.14 \times \frac{90°}{360°} = 3.14 (\text{m}^2)$$

よって，犬の動ける範囲は，

（アの面積）＋（イの面積）×2＋（ウの面積）×2

$$= 32 + 100.48 \times 2 + 3.14 \times 2$$

$$= 239.24 (\text{m}^2)$$

よって，<u>239.24m²</u>。

3 糸をまきつけると右の図のようになり，糸の通過した面積は，4つのおうぎ形の面積の和で求めることができる。

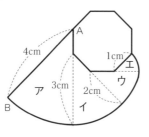

おうぎ形ア～エの中心角は，正八角形の外角と等しいので，

$$360° \div 8 = 45°$$

ア，イ，ウ，エのおうぎ形の半径はそれぞれ，4cm，3cm，2cm，1cmである。

おうぎ形アの面積は，

$$4 \times 4 \times 3.14 \times \frac{45°}{360°} = 6.28 (\text{cm}^2)$$

おうぎ形イの面積は，

$$3 \times 3 \times 3.14 \times \frac{45°}{360°} = 3.5325 (\text{cm}^2)$$

おうぎ形ウの面積は，

$$2 \times 2 \times 3.14 \times \frac{45°}{360°} = 1.57 (\text{cm}^2)$$

おうぎ形エの面積は，

$$1 \times 1 \times 3.14 \times \frac{45°}{360°} = 0.3925 (\text{cm}^2)$$

よって，糸が通過した面積は，

$$6.28 + 3.5325 + 1.57 + 0.3925$$

$$= 11.775 (\text{cm}^2)$$

したがって，<u>11.775cm²</u>。

20~24 まとめ問題

答え

1 (1)　28cm²　　(2)　4.5cm²

- -

2
(1)　毎秒2cm　　(2)　297cm²

(3)　329.04cm²　　(4)　70cm²

(5)　36cm　　(6)　26cm²

(7)　138.61cm²　　(8)　280.245m²

(9)　392.5m²　　(10)　275.32m²

1 (1)　5秒後に重なってできるのは，図でかげになっている部分である。

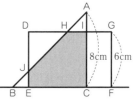

このかげの部分は，四角形DECIから三角形JHDの面積をひけば求められる。

$$EC = 2 \times 5 - 4 = 6 (\text{cm})$$

三角形JBEと三角形JHDは直角二等辺三角形で，

$$BE = JE = 2\text{cm},$$

$$DJ = DH = 6 - 2 = 4 (\text{cm})$$

これより，三角形JHDの面積は，

$$4 \times 4 \div 2 = 8 (\text{cm}^2)$$

よって，重なった部分の面積は，

$$6 \times 6 - 8 = 28 (\text{cm}^2)$$

したがって，<u>28cm²</u>。

(2)　動かし始めて2秒後の2つの図形の重なった部分は台形である。

上底は1cm，下底は2cm，高さは3cmなので，

$$(1 + 2) \times 3 \times \frac{1}{2} = 4.5 (\text{cm}^2)$$

よって，求める面積は<u>4.5cm²</u>。

2 (1)　Aを出発して4秒後の点Eは辺AD上にあり，AEは8cmである。

BFの長さを x cmとすると，台形ABFEの面積を求める式は，

$$(8 + x) \times 18 \div 2 = 216$$

$$x = 16 (\text{cm})$$

よって，BF = 16cm，CF = 8cm

　　出発して4秒後にCFが8cmになるので，点F
の進む速度は，

　　8 ÷ 4 =（毎秒）2（cm）より，**毎秒2cm。**

(2)　9秒間で点Pは，4 × 9 = 36（cm）

　　点Qは，3 × 9 = 27（cm）動く。よって，Aを
出発して9秒後の点Pは，DからAに向かって進ん
でいて，

　　DP = 36 − 24 = 12（cm）

　　AP = 24 − 12 = 12（cm）

　　Bを出発して9秒後の点Qは，CからBに向か
って進んでいて，

　　CQ = 27 − 24 = 3（cm）

　　BQ = 24 − 3 = 21（cm）

　　四角形ABQPは台形なので，面積は，

　　（12 + 21）× 18 ÷ 2 = 297（cm²）

　　　　　　　よって，**297cm²。**

(3)　円が辺を通過するときにできる図形は，縦
9cm，横6cmの長方形である。

　　よって，9 × 6 × 4 = 216（cm²）

　　また，4つの頂点のまわりを通過する際にでき
る図形は半径6cm，中心角90°のおうぎ形である。

　　このおうぎ形を集めると，1つの円になるので，

　　6 × 6 × 3.14 = 113.04（cm²）

　　したがって，求める面積の合計は，

　　216 + 113.04 = 329.04（cm²）より，

329.04cm²。

(4)　Aを出発して5秒後の点PはDに向かって進ん
でいて，AP = 5cmである。

　　Fを出発して5秒後の点QはFに向かって進ん
でいて，EQ = 20cmである。

　　Bを出発して5秒後の点RはCに向かって
進んでいて，BR = 15cmである。

　　右の図のように，
三角形PQRは四角
形JQPIから，三角
形PIRと三角形QRJ
をひいたものになる。

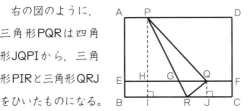

四角形JQPIは台形なので，

　　QJ = 4cm，PI = 20cm，JI = 15cmより，

　　（4 + 20）× 15 ÷ 2 = 180（cm²）

　　三角形PIRは，PI = 20cm，IR = 10cmより，

　　10 × 20 ÷ 2 = 100（cm²）

　　三角形QRJは，RJ = 5cm，QJ = 4cmより，

　　5 × 4 ÷ 2 = 10（cm²）

　　よって，三角形PQRは

　　180 − 100 − 10 = 70（cm²）

　　したがって，**70cm²。**

(5)　グラフより，三角形ADPの面積が最大のとき，
648cm²であり，これは点Pが辺BC上を移動し
ているときである。

　　ABの長さをxcmとすると，

　　36 × x × $\frac{1}{2}$ = 648

　　x = 36（cm）

　　よって，ABの長さは**36cm。**

(6)　出発して7秒後に点Pは辺DC上にあり，

　　PC = 2 × 7 − 10 = 4（cm）である。

　　三角形ABPの面積を求めるには，

　　台形全体の面積から，三角形ADPと三角形
BCPの面積をひけばよい。

　　（8 + 10）× 6 ÷ 2 −（8 × 2 ÷ 2）−（10 × 4 ÷ 2）

　　= 26（cm²）

　　よって，三角形ABPの面積は**26cm²。**

(7)　点Qが届く範囲は次のようになる。

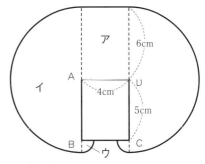

ア = 6 × 4

　　= 24（cm²）

イ = 6 × 6 × 3.14 × $\frac{180°}{360°}$

　　= 56.52（cm²）

33

ウ $= 1 \times 1 \times 3.14 \times \dfrac{90°}{360°}$

$\qquad = 0.785 (\text{cm}^2)$

よって面積は，

$24 + 56.52 \times 2 + 0.785 \times 2$

$= 138.61 (\text{cm}^2)$ より，<u>138.61cm²</u>。

(8) 求める面積は，右の図の
ようになる。

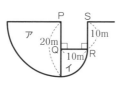

半径12m，中心角
210°のおうぎ形アの面積，
半径3m，中心角120°のおうぎ形イの面積，半
径3m，中心角90°のおうぎ形ウの面積に分けて
考える。

ア：$12 \times 12 \times 3.14 \times \dfrac{210°}{360°}$

$\qquad = 263.76 (\text{m}^2)$

イ：$3 \times 3 \times 3.14 \times \dfrac{120°}{360°} = 9.42 (\text{m}^2)$

ウ：$3 \times 3 \times 3.14 \times \dfrac{90°}{360°} = 7.065 (\text{m}^2)$

よって，求める面積は，

$263.76 + 9.42 + 7.065 = 280.245 (\text{m}^2)$
より，<u>280.245m²</u>。

(9) 右の図のように，求め
る面積は，半径20m，
中心角90°のおうぎ形ア
の面積と，半径10m，
中心角90°のおうぎ形イの面積である。

ア：$20 \times 20 \times 3.14 \times \dfrac{90°}{360°} = 314 (\text{m}^2)$

イ：$10 \times 10 \times 3.14 \times \dfrac{90°}{360°} = 78.5 (\text{m}^2)$

よって，求める面積は，

$314 + 78.5 = 392.5 (\text{m}^2)$

したがって，<u>392.5m²</u>。

(10) 犬が動くことが
できる範囲は図の
ようになる。

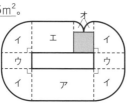

ア $= 6 \times 12$

$\qquad = 72 (\text{m}^2)$

イ $= 6 \times 6 \times 3.14 \times \dfrac{90°}{360°} \times 4$

$\qquad = 113.04 (\text{m}^2)$

ウ $= 6 \times 3 \times 2 = 36 (\text{m}^2)$

エ $= 6 \times (12-4) = 48 (\text{m}^2)$

オ $= 2 \times 2 \times 3.14 \times \dfrac{90°}{360°} \times 2 = 6.28 (\text{m}^2)$

よって，面積は，

$72 + 113.04 + 36 + 48 + 6.28$

$= 275.32 (\text{m}^2)$

したがって，<u>275.32m²</u>。

25 立方体・直方体の表面積・体積

答え

❶(1)　152cm²　(2)　96cm³

❷(1)　9.5cm　(2)　180.88cm³

❶(1) 展開図を組み立てた
形にすると，右の図
のような縦6cm，横

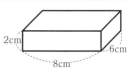

8cm，高さ2cmの直方体となる。
この表面積を求めると，

$(6 \times 8 + 8 \times 2 + 2 \times 6) \times 2 = 152 (\text{cm}^2)$
よって，<u>152cm²</u>。

(2) 縦6cm，横8cm，高さ2cmの直方体の体積を
求めると，

$6 \times 8 \times 2 = 96 (\text{cm}^3)$

よって，<u>96cm³</u>。

❷(1) この展開図を組
み立てると，Bの
部分はCの部分
と重なる。すな
わちBの長さは5.6cmである。

よって，Aの長さを求めると，

$15.1 - 5.6 = 9.5 (\text{cm})$

したがって，<u>9.5cm</u>。

(2) (1)より，この直方体は縦5.6cm，横9.5cmで
あることがわかる。

まず，縦×横の2つの面の面積を求めると，

$5.6 \times 9.5 \times 2 = 106.4 (\text{cm}^2)$

まだ面積のわからない部分は，縦×高さの2つ
の面と，横×高さの2つの面である。この面積の

合計は,

$$209.08 - 106.4 = 102.68 \,(\text{cm}^2)$$

高さを x cm とすると,

$$9.5 \times x \times 2 + 5.6 \times x \times 2 = 102.68 \,(\text{cm}^2)$$

$$x = 102.68 \div (19 + 11.2)$$

$$= 3.4 \,(\text{cm})$$

よって, 縦5.6cm, 横9.5cm, 高さ3.4cmの直方体であるため, この体積は,

$$5.6 \times 9.5 \times 3.4 = 180.88 \,(\text{cm}^3)$$

したがって, <u>180.88cm³</u>。

26 角柱・円柱の表面積・体積

答え **1**

(1) 表面積 109.68cm²,
体 積 56.52cm³

(2) 表面積 1016cm²,
体 積 2220cm³

(3) 表面積 372.32cm²,
体 積 351.68cm³

(4) 表面積 288.88cm²,
体 積 263.76cm³

1 (1) 底面のおうぎ形の面積は,

$$6 \times 6 \times 3.14 \times \frac{30°}{360°} = 9.42 \,(\text{cm}^2)$$

高さは6cmなので, 体積は,

$$9.42 \times 6 = 56.52 \,(\text{cm}^3)$$

底面のおうぎ形の弧の長さは,

$$6 \times 2 \times 3.14 \times \frac{30°}{360°} = 3.14 \,(\text{cm})$$

であるので, おうぎ形のまわりの長さは,

$$3.14 + 6 + 6 = 15.14 \,(\text{cm})$$

よって, 側面積は,

$$6 \times 15.14 = 90.84 \,(\text{cm}^2)$$

であるから, 表面積は,

$$9.42 \times 2 + 90.84 = 109.68 \,(\text{cm}^2)$$

したがって, 表面積は<u>109.68cm²</u>, 体積は<u>56.52cm³</u>。

(2) 底面は, 底辺が8cm, 高さ6cmである直角三角形2つと, 1辺が10cmの正方形を組み合わせた図形である。

底面の面積は,

$$8 \times 6 \div 2 \times 2 + 10 \times 10 = 148 \,(\text{cm}^2)$$

高さは15cmであるので, 体積は,

$$148 \times 15 = 2220 \,(\text{cm}^3)$$

底面のまわりの長さは,

$$6 \times 2 + 8 \times 2 + 10 \times 2 = 48 \,(\text{cm})$$

であるから, 側面積は,

$$15 \times 48 = 720 \,(\text{cm}^2)$$

よって, 表面積は,

$$148 \times 2 + 720 = 1016 \,(\text{cm}^2)$$

したがって, 表面積は<u>1016cm²</u>, 体積は<u>2220cm³</u>。

(3) 切り取る前のもとの円柱について, 底面積は, $4 \times 4 \times 3.14 = 50.24 \,(\text{cm}^2)$ であり, 高さは10cmなので, 体積は,

$$50.24 \times 10 = 502.4 \,(\text{cm}^3)$$

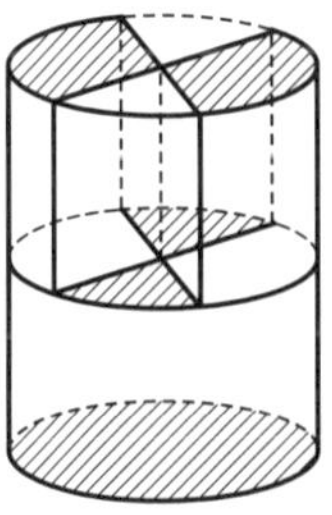

切り取った2つの立体の体積の合計は,

$$4 \times 4 \times 3.14 \times \frac{90°}{360°} \times 6 \times 2 = 150.72 \,(\text{cm}^3)$$

よって, 切り取ったあとの立体の体積は,

$$502.4 - 150.72 = 351.68 \,(\text{cm}^3)$$

表面積について, 上の図のしゃ線部分の面積の合計は, もとの円柱の底面である半径4cmの円2つ分に等しいので,

$$50.24 \times 2 = 100.48 \,(\text{cm}^2)$$

側面積について, もとの円柱の側面積は,

$$4 \times 2 \times 3.14 \times 10 = 251.2 \,(\text{cm}^2)$$

一方, 2つの立体を切り取ったために減った分が,

$$4 \times 2 \times 3.14 \times \frac{90°}{360°} \times 6 \times 2 = 75.36 \,(\text{cm}^2)$$

切り取ったために増えた分は, 縦6cm横4cmの長方形4つ分であるため,

$$6 \times 4 \times 4 = 96 \,(\text{cm}^2)$$

したがって, 切り取ったあとの立体の表面積は,

$$100.48 + 251.2 - 75.36 + 96$$

$$= 372.32 \,(\text{cm}^2)$$

よって, 表面積は<u>372.32cm²</u>, 体積は

$351.68\,\text{cm}^3$。

(4) L字の立体はつなげ方を変えると，図1のような円柱になる。よって，この立体は，図1の円柱の表面積，体積と同じになる。また，もとの図形を真横から見ると図2のようになる。

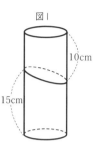

図1

10cm

15cm

図2より，

　EG ＝ DC ＝ 4cm

よって，

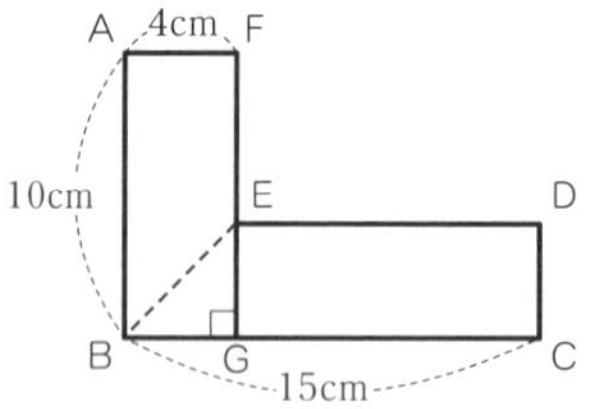

　FE
　＝ FG － EG
　＝ 10 － 4
　＝ 6(cm)

図2

A 4cm F

10cm E D

B G 15cm C

したがって，図1の円柱の高さは，

　15 ＋ 6 ＝ 21(cm)

表面積は，

　$2 \times 2 \times 3.14 \times 2 + 2 \times 2 \times 3.14 \times 21$

　$= 288.88\,(\text{cm}^2)$

体積は，

　$2 \times 2 \times 3.14 \times 21 = 263.76\,(\text{cm}^3)$

したがって，表面積は <u>$288.88\,\text{cm}^2$</u>，体積は <u>$263.76\,\text{cm}^3$</u>。

---

27 **角すい・円すいの表面積・体積**

答え **❶** (1) 12cm 　(2) $117.75\,\text{cm}^2$
　　　　(3) $109.2\,\text{cm}^3$ 　(4) $72\,\text{cm}^3$

❶(1) 底面の台形の面積は，

　$(2 + 4) \times 3 \div 2 = 9\,(\text{cm}^2)$

四角すいの体積が$36\,\text{cm}^3$であるので，

　$9 \times x \div 3 = 36\,(\text{cm}^3)$

　$x = 12\,(\text{cm})$

よって，xの長さは <u>12cm</u>。

(2) 底面の表面積は，

　$2.5 \times 2.5 \times 3.14 = 19.625\,(\text{cm}^2)$

側面のおうぎ形の表面積は，

半径÷母線 ＝ $2.5 \div 12.5 = \dfrac{1}{5}$ なので，

　$12.5 \times 12.5 \times 3.14 \times \dfrac{1}{5}$

　$= 98.125\,(\text{cm}^2)$

合計した全体の表面積は，

　$19.625 + 98.125 = 117.75\,(\text{cm}^2)$

よって，表面積は <u>$117.75\,\text{cm}^2$</u>。

(3) 図形を組み立てると，底面が三角形BCDで，高さが辺ACとなる三角すいができる。

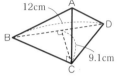

12cm A

D

B

9.1cm

C

底面の面積は，

　$12 \times 9.1 \div 2 = 54.6\,(\text{cm}^2)$

高さCAはPAと同じなので，求める体積は，

　$54.6 \times 6 \div 3 = 109.2\,(\text{cm}^3)$

よって，体積は <u>$109.2\,\text{cm}^3$</u>。

(4) 三角すいACFHの体積は，立方体の体積から，三角すいAEFH，CFGH，FABC，HACDの体積をひいた値である。

立方体の体積は，

　$6 \times 6 \times 6 = 216\,(\text{cm}^3)$

三角すいの体積は，

　$(6 \times 6 \div 2) \times 6 \div 3 = 36\,(\text{cm}^3)$

よって，求める値は，

　$216 - 36 \times 4 = 72\,(\text{cm}^3)$

したがって，体積は <u>$72\,\text{cm}^3$</u>。

---

28 **組み合わせた立体の表面積・体積**

答え **❶** (1) 表面積　$190.24\,\text{cm}^2$
　　　　　　体　積　$169.68\,\text{cm}^3$
　　　　(2) $118.2\,\text{cm}^2$

❶(1) 半円の弧の長さは，

　$4 \times 3.14 \div 2 = 6.28\,(\text{cm})$

底面の周の長さは，

　$6.28 + 5 + 7 + 4 = 22.28\,(\text{cm})$

底面の周の長さが側面の横の長さと等しいので，側面積は，

$$22.28 \times 6 = 133.68 \,(\text{cm}^2)$$

底面積は，台形の面積と半円の面積の合計なので，

$$(4 + 7) \times 4 \div 2 + 2 \times 2 \times 3.14 \div 2$$
$$= 28.28 \,(\text{cm}^2)$$

よって，表面積は，

$$28.28 \times 2 + 133.68 = 190.24 \,(\text{cm}^2)$$

柱体の高さは6cmなので，この立体の体積は，

$$28.28 \times 6 = 169.68 \,(\text{cm}^3)$$

したがって，表面積は<u>190.24cm²</u>，体積は<u>169.68cm³</u>。

(2) まず，問題の左図の表面積を求める。

底面は半径が6cm，中心角が90°のおうぎ形だから，底面の面積は，

$$6 \times 6 \times 3.14 \times \frac{90°}{360°} = 28.26 \,(\text{cm}^2)$$

外側の側面積はおうぎ形の周に高さをかけたものだから，

$$\left(12 \times 3.14 \times \frac{90°}{360°} + 6 + 6\right) \times 2$$
$$= 42.84 \,(\text{cm}^2)$$

したがって，左図の表面積は，

$$28.26 \times 2 + 42.84 = 99.36 \,(\text{cm}^2) \cdots ①$$

となる。

次に，左図のおうぎ形の柱にのせる前の，円柱の表面積を求める。

底面は半径が1cmの円なので，この円柱の底面積は，

$$1 \times 1 \times 3.14 = 3.14 \,(\text{cm}^2)$$

また側面積は，

$$2 \times 3.14 \times 3 = 18.84 \,(\text{cm}^2)$$

したがって，円柱の表面積は，

$$3.14 \times 2 + 18.84 = 25.12 \,(\text{cm}^2) \cdots ②$$

となる。

求める面積は，おうぎ形の柱の上に円柱をのせたものの表面積になるので，①と②をたし合わせたものから，円柱の底面積の部分を2倍してひけばよい。

$$99.36 + 25.12 - 3.14 \times 2 = 118.2 \,(\text{cm}^2)$$

よって，求める面積は<u>118.2cm²</u>。

29 へこんだ立体の表面積・体積

答え
1 1084.72cm³
2 (1) 399.68cm² (2) 502.4cm³

1 円柱の体積は，

$$6 \times 6 \times 3.14 \times 10 = 1130.4 \,(\text{cm}^3)$$

三角すいの体積は，

$$4 \times 2 \div 2 \times 6 \div 3 = 8 \,(\text{cm}^3)$$

円すいの体積は，

$$3 \times 3 \times 3.14 \times 4 \div 3 = 37.68 \,(\text{cm}^3)$$

立体の体積は，

$$1130.4 - 8 - 37.68 = 1084.72 \,(\text{cm}^3)$$

よって，<u>1084.72cm³</u>。

2 (1) ぬりつぶした部分の面積の合計は，半径4cmの円の面積と同じである。

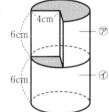

よって，ぬりつぶした部分の面積は，

$$4 \times 4 \times 3.14 = 50.24 \,(\text{cm}^2)$$

底面積は同じく50.24cm²である。

側面積は，上の図のように⑦と④に分けて考える。

④の側面積は，縦の長さが6cm，横の長さが円周の長さと同じである。横の長さは，

$$4 \times 2 \times 3.14 = 25.12 \,(\text{cm})$$

したがって，側面積は，

$$6 \times 25.12 = 150.72 \,(\text{cm}^2)$$

⑦の底面は，中心角が

$$360° - 120° = 240°$$ のおうぎ形である。

おうぎ形の部分の側面積は，縦の長さが6cm，横の長さがおうぎ形の弧の長さの長方形の面積と同じである。横の長さは，

$$4 \times 2 \times 3.14 \times \frac{240°}{360°} = 25.12 \times \frac{2}{3} \,(\text{cm})$$

よって，おうぎ形の部分の側面積は，

$$6 \times 25.12 \times \frac{2}{3} = 100.48 \,(\text{cm}^2)$$

へこんだ部分の側面積は，

$$6 \times 4 \times 2 = 48 (\text{cm}^2)$$

したがって，表面積は，

$$50.24 \times 2 + 150.72 + 100.48 + 48$$
$$= 399.68 (\text{cm}^2)$$

よって，<u>399.68cm²</u>。

(2) 円柱の体積は，

$$4 \times 4 \times 3.14 \times 12 = 602.88 (\text{cm}^3)$$

へこんだ部分の立体の体積は，底面が4cm，中心角120°のおうぎ形で高さが6cmの立体の体積なので，

$$4 \times 4 \times 3.14 \times \frac{120°}{360°} \times 6 = 100.48 (\text{cm}^3)$$

この立体の体積は，

$$602.88 - 100.48 = 502.4 (\text{cm}^3)$$

よって，<u>502.4cm³</u>。

30 体積比と相似比

❶(1) 辺AE，辺BF，辺CG，辺DHを延長し，その交点を点Oとする。図より，四角すいO−ABCDと四角すい

O−EFGHの相似比は，

$$9 : 3 = 3 : 1$$

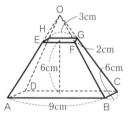

これより，四角すいO−EFGHの高さは，3cm。

よって，四角すいO−ABCDの体積は，

$$9 \times 6 \times (6 + 3) \div 3 = 162 (\text{cm}^3)$$

また，O−EFGHの体積は，

$$3 \times 2 \times 3 \div 3 = 6 (\text{cm}^3)$$

したがって，角すい台ABCD−EFGHの体積は，

$$162 - 6 = 156 (\text{cm}^3)$$より，<u>156cm³</u>。

(2) 辺EA，辺FB，辺GC，辺HDを延長し，その交点を点Oとする。

四角すいO−ABCDと四角すいO−EFGHの相似比は，20：8 = 5：2

これより，四角すいO−EFGHの高さは，6cm。

よって，四角すいO−ABCDの体積は，

$$20 \times 15 \times (9 + 6) \div 3 = 1500 (\text{cm}^3)$$

また，四角すいO−EFGHの体積は，

$$8 \times 6 \times 6 \div 3 = 96 (\text{cm}^3)$$

したがって，立体ABCD−EFGHの体積は，

$$1500 - 96 = 1404 (\text{cm}^3)$$より，<u>1404cm³</u>。

(3) 右の図のように，円すいをつくる。

半径8cmの円が底面である大円すいと半径4cmの円が底面である小円すいの相似比は，2：1

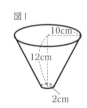

よって，小円すいの高さは6cmである。

これより，大円すいの体積は，

$$8 \times 8 \times 3.14 \times (6 + 6) \div 3 = 803.84 (\text{cm}^3)$$

また，小円すいの体積は，

$$4 \times 4 \times 3.14 \times 6 \div 3 = 100.48 (\text{cm}^3)$$

したがって，円すい台の体積は，

$$803.84 - 100.48 = 703.36 (\text{cm}^3)$$

よって，<u>703.36cm³</u>。

(4) 図を90°右に回転させ，直線ℓのまわりに回転してできる立体は図1のようになる。さらに，図1から図2のような円すいをつくる。

半径10cmの円が底面である大円すいと半径2cmの円が底面である小円すいの相似比は，5：1。

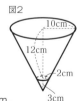

よって，小円すいの高さは，3cm。

これより，大円すいの体積は，

$$10 \times 10 \times 3.14 \times (12 + 3) \div 3$$

$= 1570(cm^3)$

また、小円すいの体積は、

$2 \times 2 \times 3.14 \times 3 \div 3 = 12.56(cm^3)$

したがって、直線 ℓ のまわりに回転してできる立体の体積は、

$1570 - 12.56 = 1557.44(cm^3)$

よって、<u>1557.44cm³</u>。

2(1) 角すい台 EFGH－ABCD の体積が665cm³、角すい O－EFGH の体積が64cm³なので、角すい O－ABCD の体積は、

$665 + 64 = 729(cm^3)$

よって、角すい O－ABCD と角すい O－EFGH の体積比は、

$729 : 64 = 9 \times 9 \times 9 : 4 \times 4 \times 4$

したがって、相似比は9：4なので、AB：EF $= 9 : 4$ より、<u>9：4</u>。

(2) アの体積が3cm³、イの体積が21cm³、ウの体積57cm³なので、アの体積と、アとイを重ねた円すいの体積と、アとイとウを重ねた円すいの体積の比は、

$3 : (3 + 21) : (3 + 21 + 57)$

$= 1 : 8 : 27$

$= 1 \times 1 \times 1 : 2 \times 2 \times 2 : 3 \times 3 \times 3$

体積比より相似比は、

$OA : OB : OC = 1 : 2 : 3$

よって、

$OA : AB : BC = 1 : 1 : 1$、

したがって、<u>1：1：1</u>。

(3) 円柱A、Bはそれぞれ図1、2のようになる。円柱Aと円柱Bの底面の半径の比は2：3、高さの比は6：1である。

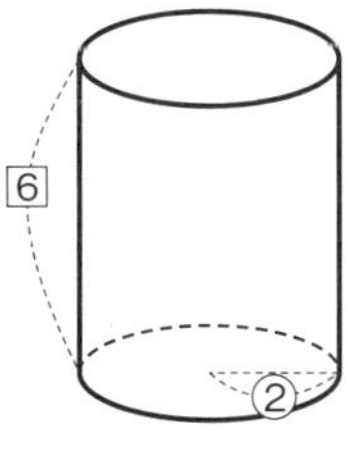

これより、円柱A、Bの体積は、それぞれ

円柱A：$2 \times 2 \times 3.14 \times 6$

円柱B：$3 \times 3 \times 3.14 \times 1$

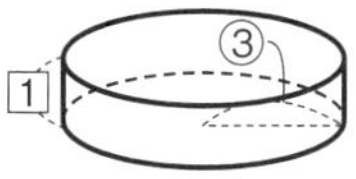

と表せる。

円周率3.14は共通しているので、円柱Aと円

図I　円柱A

図2　円柱B

柱Bの体積比は、

$(2 \times 2 \times 6) : (3 \times 3 \times 1) = 8 : 3$

よって、円柱Aの体積は、円柱Bの体積の $\dfrac{8}{3}$ 倍。

(4) 直方体の全体の体積は、

$8 \times 8 \times 20 = 1280(cm^3)$

よって、イの体積は、

$1280 - 512 = 768(cm^3)$

これより、

アの体積：イの体積 $= 512 : 768$

　　　　　　　　　　$= 2 : 3$

体積の比と高さの比は等しいので、答えは<u>2：3</u>。

25~30 まとめ問題

答え

1
(1) 表面積：162.24cm²、
　　体積：140.608cm³
(2) 7cm　　(3) 24倍
(4) 94.2cm²　　(5) $\dfrac{1000}{3}$ cm³
(6) 238.64cm²

2
(1) 1090cm³
(2) 円すい：2個、円柱：11個
(3) 表面積：598.72m²、
　　体積：840.96m³
(4) 8352.4cm³

1(1) 表面積は、

$5.2 \times 5.2 \times 6 = 162.24(cm^2)$

体積は、

$5.2 \times 5.2 \times 5.2 = 140.608(cm^3)$

よって、求める表面積は<u>162.24cm²</u>、体積は<u>140.608cm³</u>。

(2) 直方体Aの高さを□cmとおくと、Aの側面積は、

$□ \times (6 + 8 + 6 + 8) = □ \times 28(cm^2)$

また、直方体Bの高さは、□－2(cm)と表すことができるので、Bの側面積は、

$(□ - 2) \times (10 + 10 + 10 + 10)$

$= □ \times 40 - 80(cm^2)$

A、Bの底面積はそれぞれ48cm²、100cm²であり、その差は52cm²なので、

$132 - 52 \times 2 = 28(cm^2)$

より，側面積の差は28cm²である。よって，

$$(□ × 40 − 80) − □ × 28 = 28$$

$$□ × 12 = 108$$

$$□ = 9$$

したがって，直方体Aの高さは9cm。

(3) 図のように，一辺が2cm

の正六角形の面積は，一辺が

1cmの正三角形の面積の24

倍である。

六角柱と三角柱の高さは等

しいので，六角柱の体積は三角柱の体積の24倍。

(4) 展開図を組み立ててできるのは，底面が半径

3cmのおうぎ形になっている立体である。

底面のおうぎ形の弧の長さは6.28cmだから，

$$6.28 ÷ (3 × 2 × 3.14) = \frac{1}{3}$$

より，おうぎ形は円の $\frac{1}{3}$ である。よって，お

うぎ形の面積は，

$$3 × 3 × 3.14 × \frac{1}{3} = 9.42 (cm^2)$$

高さは10cmなので，体積は，

$$9.42 × 10 = 94.2 (cm^3)$$

したがって，求める体積は94.2cm³。

(5) 組み立ててできる立体は，図のような三角柱に

なる。三角形BNMは，BM＝BN＝10cmの直

角二等辺三角形なので，面積は，

$$10 × 10 ÷ 2 = 50 (cm^2)$$

よって，体積は，

$$50 × 20 ÷ 3 = \frac{1000}{3}$$

(cm³)

したがって，求める立体の

体積は $\frac{1000}{3}$ cm³。

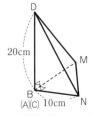

(6) ABとDFの交点をGとする。三角形FBGと三

角形FEDは相似であり，相似比は

GB：DE＝4：6＝2：3である。

FB：FE＝2：3よりFB：BE＝2：1なので，

BF＝3×2＝6(cm)

しゃ線部分の図形を直線ℓのまわりに1回転さ

せてできる立体は，底面の半径が6cm，高さが

9cmの円すいから，底面の半径が4cm，高さが

6cmの円すいを切り取った立体であるから，

$$6 × 6 × 3.14 × 9 ÷ 3 − 4 × 4 × 3.14 × 6 ÷ 3$$

$$= 339.12 − 100.48$$

$$= 238.64 (cm^3)$$

よって，求める立体の体積は238.64cm³。

2(1) 上の面と下の面の面積の合計は，

$$15 × 10 × 2 = 300 (cm^2)$$

右の面，左の面の面積の合計は，

$$10 × 10 × 2 = 200 (cm^2)$$

表面積が718cm²なので，手前の面と奥の面

の面積の合計は，

$$718 − 300 − 200 = 218 (cm^2)$$

手前の面を底面と考えると，高さは10cm。

$$218 ÷ 2 × 10 = 1090 (cm^3)$$

よって，求める立体の体積は1090cm³。

(2) 円すい1つ分の体積は，

$$3 × 3 × 3.14 × 3 ÷ 3 = 28.26 (cm^3)$$

であり，円柱1つ分の体積は，

$$3 × 3 × 3.14 × 3 = 84.78 (cm^3)$$

$$989.1 − 28.26 = 960.84$$

$$989.1 − 28.26 × 2 = 932.58$$

これより，円すいを1つもつなげていない場合

989.1が，1つつなげた場合960.84が，2つ

なげた場合932.58が84.78でわり切れること

になるが，このうち，84.78でわり切れるのは2

つつなげた場合の932.58だけである。

$$932.58 ÷ 84.78 = 11 (個)$$

よって，立体は円すいを2個と，円柱を11個

つなげたものである。

(3) 体積について，この立体は，底面の半径が4m

で高さが8mの円柱の $\frac{1}{4}$ を2つと，縦の長さ，横

の長さ，高さが8m，10m，8mの直方体を組み

合わせたものであるから，

$$4 × 4 × 3.14 × \frac{1}{4} × 8 × 2 + 8 × 10 × 8$$

$$= 64 × 3.14 + 640$$

$$= 840.96 (m^3)$$

表面積について，中央の直方体の表面積と，円

柱の$\frac{1}{4}$の底面積4つ分と，縦の長さが8m，横の長さが円柱の$\frac{1}{4}$の底面の弧の長さになっている長方形（円柱の$\frac{1}{4}$の側面の一部）2つ分の和を求めればよい。

直方体の表面積は，

$$10 \times 8 \times 2 + 10 \times 8 \times 2 + 8 \times 8 \times 2$$
$$= 448 (m^2)$$

円柱の$\frac{1}{4}$の底面積4つ分は，

$$4 \times 4 \times 3.14 \times \frac{1}{4} \times 4 = 50.24 (m^2)$$

円柱の$\frac{1}{4}$の底面の弧の長さは，

$$4 \times 2 \times 3.14 \times \frac{1}{4} = 6.28 (m)$$

よって，これを横の長さとし，縦の長さが8mである長方形2つ分の面積は，

$$6.28 \times 8 \times 2 = 100.48 (m^2)$$

これらを合計して，

$$448 + 50.24 + 100.48 = 598.72 (m^2)$$

したがって，求める立体の表面積は $\underline{598.72m^2}$，体積は$\underline{840.96m^3}$。

(4) 立体の断面は図のようになっている。それぞれの段を横にならべて長方形をつくると，380 ÷ 5 = 76 (cm) より，3つの円柱の直径の和は76cmである。それぞれの円柱の直径の比は，1 : 1.5 : (1.5 × 1.5) = 4 : 6 : 9 となるから，いちばん上の円柱の底面の直径を④とおくと，真ん中の円柱は⑥，いちばん下の円柱は⑨と表される。

$$④ + ⑥ + ⑨ = ⑲ = 76 (cm)$$
$$① = 76 \div 19$$
$$= 4 (cm)$$

よって，いちばん上の円柱の底面の円の直径は16cm，半径は8cmである。底面積は，

$$8 \times 8 \times 3.14 = 200.96 (cm^2)$$

3つの円柱の底面は相似であり，半径の比が4 : 6 : 9であるとき，面積の比は(4 × 4) : (6 × 6) : (9 × 9)なので，

いちばん上の円柱の底面積を$\boxed{16}$とおくと，真

ん中の円柱は$\boxed{36}$，いちばん下の円柱は$\boxed{81}$と表される。

$$\boxed{16} + \boxed{36} + \boxed{81} = \boxed{133}$$
$$\boxed{16} = 200.96 (cm^2)$$

なので，全体の体積は，

$$200.96 \times \frac{133}{16} \times 5 = 8352.4 (cm^3)$$

よって，求める立体の体積は，$\underline{8352.4cm^3}$。

31 ▶ 展開図

答え **1**

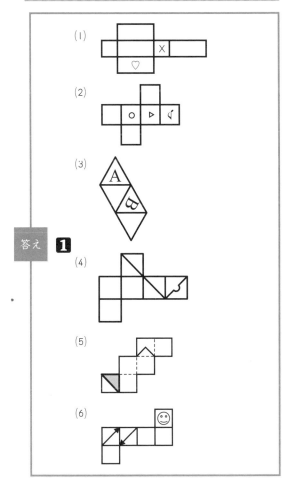

(1)

(2)

(3)

(4)

(5)

(6)

1(1) 直方体の，♡マークの面に右の図のように頂点をわりふる。

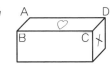

♡マークの向きや重なる辺を考えると，×マークは答えのように，面ABCDと辺CDを共有する面につく。

(2) △マークのかいてある面に注目し，下の図
のように頂点をわりふる。

△マークは辺ADを上，
辺BCを下とした向きに
ついている。これを展開
図にかきこむと，次のよ
うな図になる。

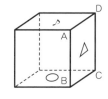

♪マークのついた面は，
面ABCDと辺ADを共
有している面となる。

立方体の図より，辺
ADは♪マークの面の右の辺となるので，向きに
注意してかきこむ。

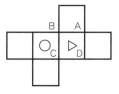

(3) 展開図において，Aの文字がかかれた三角形の
底辺を共有している面が，三角すいの底面となる。

右の図のように頂点をわり
ふる。立体にしたときに，辺
AFと辺EFは重なるため，B
の文字が入るのは三角形
FCEとなる。三角形BCFが
三角すいの底面となるので，
辺FCを下向きにしてBの文
字をかきこむ。

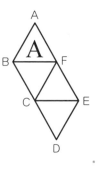

(4) 図のように，立方体に頂点
をわりふる。もとから展開図
にかかれていた部分に注目す
ると，面DCHGの展開図で
の位置が決定する。
展開図を組み立てた
ときの辺の重なりに
注目すると，右のよ
うな頂点の配置にな
る。この図に，対角線AG，対角線ACを引いた
ものが答えとなる。

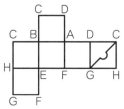

(5) 直角二等辺三角
形のある面の位置
に注目しながら，
展開図に頂点をわ
りふる。

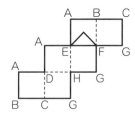

この展開図に，直角三角形DACをかきこむ。

(6) 右の図のように，立方体に頂点をわりふる。
（点Aの下の点は点Hとする。）

顔のマークが入った面に注目
し，展開図に頂点をかきこむ。
B→D，G→Cの向きになるよ
うに矢印をかく。

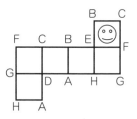

32 図形の回転

❶(1) 母線を半径とした円の円周は，底面の円周に
回転数をかけたものに等しくなる。

底面の半径を□cmとすると，次の式が成り立
つ。

$18 \times 2 \times 3.14 = □ \times 2 \times 3.14 \times 3$

□＝6となる。

よって，底面積は，

$6 \times 6 \times 3.14 = 113.04(cm^2)$

したがって，求める面積は113.04cm²。

(2) 母線を半径とした円の円周は，底面の円周に回
転数をかけたものに等しくなる。

母線の長さを□cmとすると，次の式が成り立
つ。

$□ \times 2 \times 3.14 = 4 \times 2 \times 3.14 \times 2.5$

□＝10となる。

よって，側面積は，

$$10 \times 10 \times 3.14 \times \frac{4}{10} = 125.6 \, (\text{cm}^2)$$

したがって，求める面積は $\underline{125.6 \text{cm}^2}$。

(3) 母線と底面の半径がわかっているときに円すいの表面積を求める場合は，回転数は関係ないことに注意する。

円すいの表面積は，側面積＋底面積であるため，

$$6 \times 6 \times 3.14 \times \frac{2}{6} + 2 \times 2 \times 3.14 = 50.24$$

よって，求める面積は $\underline{50.24 \text{cm}^2}$。

(4) 母線を半径とした円の円周は，底面の円周に回転数をかけたものに等しくなる。

母線の長さを□cmとすると，次の式が成り立つ。

$$\Box \times 2 \times 3.14 = 6 \times 2 \times 3.14 \times 2$$

$$\Box = 12 \, \text{となる。}$$

円すいの表面積は，側面積＋底面積であるため，

$$12 \times 12 \times 3.14 \times \frac{6}{12} + 6 \times 6 \times 3.14$$

$$= 339.12 \, (\text{cm}^2)$$

よって，求める面積は $\underline{339.12 \text{cm}^2}$。

(5) 母線を半径とした円の円周は，底面の円周に回転数をかけたものに等しくなる。

底面の半径を□cmとすると，次の式が成り立つ。

$$12 \times 2 \times 3.14 = \Box \times 2 \times 3.14 \times 3$$

$$\Box = 4 \, \text{となる。}$$

よって側面積は，

$$12 \times 12 \times 3.14 \times \frac{4}{12} = 150.72 \, (\text{cm}^2)$$

したがって，求める面積 $\underline{150.72 \text{cm}^2}$。

(6) 母線を半径とした円の円周は，底面の円周に回転数をかけたものに等しくなる。

底面の半径を□cmとすると，次の式が成り立つ。

$$30 \times 2 \times 3.14 = \Box \times 2 \times 3.14 \times 2.5$$

という式が成り立ち，□＝12 となる。

よって，底面積は，

$$12 \times 12 \times 3.14 = 452.16 \, (\text{cm}^2)$$

したがって，求める面積は $\underline{452.16 \text{cm}^2}$。

33 円すい台・角すい台

答え ❶
(1) 91cm³	(2) 84cm³
(3) 84cm³	(4) 282.6cm²
(5) 553.896cm²	(6) 232.36cm²

❶(1) 右の図のように角すい台の4辺を延長させると，大きな四角すい（点線部の角すいと角すい台を合わせたもの）と小さな四角すい（点線部の角すい）の2つの四角すいができる。

大きな四角すいと小さな四角すいの側面の三角形は相似であり，底辺の長さの比は5：6であるため，2つの立体の高さの比も5：6になる。

よって，小さな四角すいの高さは，

$$3 \times \frac{5}{6-5} = 15 \, (\text{cm})$$

小さな四角すいと大きな四角すいの相似比が5：6のとき，体積比は，

$$(5 \times 5 \times 5) : (6 \times 6 \times 6) = 125 : 216$$

求める体積は，大きな四角すいの体積の

$$\frac{216 - 125}{216} = \frac{91}{216} \, (\text{倍}) \, \text{となる。}$$

$$6 \times 6 \times 18 \div 3 \times \frac{91}{216} = 91 \, (\text{cm}^3)$$

したがって，$\underline{91 \text{cm}^3}$。

(2) 右の図のように角すい台の三辺を延長させると，大きな三角すい（点線部の角すいと角すい台をあわせたもの）と小さな三角すい（点線部の角すい）の2つの三角すいができる。

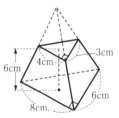

大きな三角すいと小さな三角すいの側面の三角形は相似であり，底辺の長さの比は8：4＝2：1であるため，2つの立体の高さの比も2：1になる。

よって，小さな三角すいの高さは，$6 \times \frac{1}{2-1} = 6 \, (\text{cm})$ となる。小さな三角すいと大きな三角すいの相似比が1：2のとき，体積比は $(1 \times 1 \times 1) : (2 \times 2 \times 2) = 1 : 8$ である。

求める体積は，小さな三角すいの体積の$\dfrac{8-1}{1}$

$=7$(倍)となる。

$$4 \times 3 \div 2 \times 6 \div 3 \times 7 = 84\,(\text{cm}^3)$$

よって，<u>84cm³</u>。

(3)　(1)と同じように，四辺を延長させて考える。この問題では，延長させてできた大きな四角すいと小さな四角すいの底辺の長さの比は6：3＝2：1となり，相似比が2：1のとき，体積比は$(2 \times 2 \times 2) : (1 \times 1 \times 1) = 8 : 1$である。

求める体積は，小さな四角すいの体積の$\dfrac{8-1}{1}$

$=7$(倍)となる。

$$3 \times 3 \times 4 \div 3 \times 7 = 84\,(\text{cm}^3)$$

よって，<u>84cm³</u>。

(4)　この問題の円すい台は，底辺の半径が6cmの大きい円すいから，底辺の半径が3cmの小さい円すいを取りのぞいてできたものである。小さい円すいと大きい円すいは相似であり，相似比は円の半径に着目すると3：6＝1：2，面積比は，

$$1 \times 1 : 2 \times 2 = 1 : 4$$

側面積の比も同様に1：4となるので，円すい台の側面積は，小さい円すいの側面積の$\dfrac{4-1}{1}=$

3(倍)となる。

円すい台の表面積は，円すい台の側面積と上下の面の円の面積をたしたものになる。

相似比が1：2のとき，小さな円すいの母線の長さは，$5 \times \dfrac{1}{2-1} = 5\,(\text{cm})$　となり，小さな円すいの側面積は，

$$5 \times 5 \times 3.14 \times \dfrac{3}{5} = 47.1\,(\text{cm}^2)$$

円すい台の表面積は，

$$47.1 \times 3 + 3 \times 3 \times 3.14 + 6 \times 6 \times 3.14$$

$$= 282.6\,(\text{cm}^2)$$

よって，求める答えは<u>282.6cm²</u>。

(5)　円の半径の比より，小さい円すいと大きい円すいの相似比は，

$$3 : 9 = 1 : 3$$

面積比は，$(1 \times 1) : (3 \times 3) = 1 : 9$なので，円すい台の側面積は，小さい円すいの側面積

の$\dfrac{9-1}{1}=8$(倍)となる。

相似比が1：3のとき，小さな円すいの母線の長さは，$7.2 \times \dfrac{1}{3-1} = 3.6\,(\text{cm})$となり，小さな円すいの側面積は，

$$3.6 \times 3.6 \times 3.14 \times \dfrac{3}{3.6} = 33.912\,(\text{cm}^2)$$

円すい台の表面積は，

$$33.912 \times 8 + 3 \times 3 \times 3.14 + 9 \times 9 \times 3.14$$

$$= 553.896\,(\text{cm}^2)$$

よって，求める答えは，<u>553.896cm²</u>。

(6)　回転してできる立体は，右の図のような円すい台になる。上の面の円の半径は2cm，下の面の円の半径は4cmとなる。

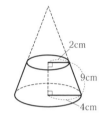

円の半径に注目すると，小さい円すい(点線部の円すい)と，大きい円すい(点線部の円すい＋円すい台)の相似比は，2：4＝1：2となり，面積比は，$(1 \times 1) : (2 \times 2) = 1 : 4$となるので，側面積は，小さい円すいの側面積の$\dfrac{4-1}{1}=3$(倍)となる。

相似比が1：2のとき，小さな円すいの母線の長さは，$9 \times \dfrac{1}{2-1} = 9\,(\text{cm})$となり，小さい円すいの側面積は，

$$9 \times 9 \times 3.14 \times \dfrac{2}{9} = 56.52\,(\text{cm}^2)$$

円すい台の表面積は，

$$56.52 \times 3 + 2 \times 2 \times 3.14 + 4 \times 4 \times 3.14$$

$$= 232.36\,(\text{cm}^2)$$

よって，求める答えは<u>232.36cm²</u>。

34　立体の積み重ね

答え

❶　(1)　体積：519cm³　表面積：492cm²

(2)　体積：80cm³　表面積：136cm²

(1)　384cm²　　(2)　24個

❷　(3)　8個　　(4)　24個

(5)　288cm²

❶(1)　すべて形の異なる直方体を組み合わせているので，それぞれの段の底面積を求めてから，体積を求める必要がある。上から順に，

1段目：底面が一辺5cmの正方形なので，底面積は，

$5 \times 5 = 25 (cm^2)$

高さが3cmなので，体積は，

$25 \times 3 = 75 (cm^3)$

2段目：見えている2つの長方形の面積に1段目の底面積をたせばよいので，底面積は，

$5 \times 3 + 4 \times 5 + 25 = 60 (cm^2)$

高さが4cmなので，体積は，

$60 \times 4 = 240 (cm^3)$

3段目：見えている3つの長方形の面積に2段目の底面積をたせばよいので，底面積は，

$5 \times 2 + 4 \times 3 + 4 \times 5 + 60 = 102 (cm^2)$

高さが2cmなので，体積は，

$102 \times 2 = 204 (cm^3)$

この立体の体積は，合計すると，

$75 + 240 + 204 = 519 (cm^3)$

よって，体積は519cm³。

表面積は，前後上下左右6方向から見える面の面積をそれぞれ求めて合計すればよい。しかし，1方向から見える面の面積とその反対側の面積は等しいので，対になっていると考えればよい。正面と上と右の3方向を考えて，1段目から順にたしていくと，

正面：$5 \times 3 + 5 \times 4 + 3 \times 4 + 5 \times 2 + 3 \times 2 + 2 \times 2 = 67 (cm^2)$

上：$5 \times 5 + 4 \times 5 + 5 \times 3 + 4 \times 5 + 4 \times 3 + 5 \times 2 = 102 (cm^2)$

右：$5 \times 3 + 4 \times 4 + 5 \times 4 + 4 \times 2 + 4 \times 2 + 5 \times 2 = 77 (cm^2)$

したがって，表面積の合計は，

$(67 + 102 + 77) \times 2 = 492 (cm^2)$

よって，492cm²。

(2) すべて一辺2cmの立方体なので，体積は立方体が何個あるかを求めればよい。1段目から順にたしていくと，立方体の個数は，$1 + 3 + 6 = 10$（個）なので，この立体の体積は，

$2 \times 2 \times 2 \times 10 = 80 (cm^3)$

よって，80cm³。

表面積は，前後左右上下6方向から見える面の面積をそれぞれ求めて合計すればよい。しかし，1方向から見える面の面積とその反対側の面積は等しいので，対になっていると考えればよい。(1)と同じように，正面と上と右の3方向を考えて，1段目から順にたしていくと，

正面：$2 \times 2 \times 6 = 24 (cm^2)$

上：$2 \times 2 \times 6 = 24 (cm^2)$

右：$2 \times 2 \times 5 = 20 (cm^2)$

したがって，表面積の合計は，

$(24 + 24 + 20) \times 2 = 136 (cm^2)$

よって，136cm²。

2 (1) 一辺が8cmの立方体の表面積を求めればよい。

$8 \times 8 \times 6 = 384 (cm^2)$

よって，384cm²。

(2) 1面だけ赤色でぬられた立方体は，各面に4つずつあるため，

$4 \times 6 = 24$（個）

よって，24個。

(3) 赤色でぬられた面が1つもない立方体は，表面に出ていない立方体のことなので，表面にある立方体が何個あるかを求めて全体からひけばよい。表面にある立方体の個数は，

$4 \times 4 \times 2 + 2 \times 4 \times 2 + 2 \times 2 \times 2 = 56$（個）

これを全体の個数からひくと，

$4 \times 4 \times 4 - 56 = 8$（個）

よって，8個。

(4) 2面だけが赤色でぬられた小さな立方体は，大きな立方体の各辺に2個ずつあるので，立方体に辺が12本あることから，

$2 \times 12 = 24$（個）

よって，24個。

(5) 2面だけが赤色でぬられた小さな立方体は，(4)より大きな立方体の各辺に2個ずつある。また，3面が赤い小さな立方体は，大きな立方体の各頂点に1個ずつある。

それらを取りのぞいた立体は前の図のようになる。

前後左右上下の6方向から見える面の面積がそれぞれ等しいので、1方向の面積を求めてそれを6倍すればよい。1方向の表面積は、

$$2 \times 2 \times 12 = 48(cm^2)$$

よって、できあがった立体の表面積の合計は、

$$48 \times 6 = 288(cm^2)$$

したがって、<u>288cm²</u>。

35 ▷ 立体のくりぬき

1(1) 立方体が何個あるかを、下の段から順に求める。複数方向からくりぬかれていて複雑な場合は、図をかいて考えるとよい。下の図は、下側が立体の正面としている。

1段目：正面と上の2方向からくりぬかれている。図をかくと右の図のようになるため、

$$4 \times 4 - 2 \times 4 = 8(個)$$

1段目

2段目：正面と上と右の3方向からくりぬかれている。図をかくと右の図のようになるため、

$$4 \times 4 - 2 \times 4 - 2 = 6(個)$$

2段目

3段目：上と右の2方向からくりぬかれている。図をかくと右の図のようになるため、

$$4 \times 4 - 2 \times 4 = 8(個)$$

3段目

4段目：$4 \times 4 - 2 = 14(個)$

よって、合計は

$$14 + 8 + 6 + 8 = 36(個)$$

したがって、立方体の個数は<u>36個</u>。

(2) (1)と同じように、立方体が何個あるかを下の段から順に求める。図は、下側が立体の正面としている。

1段目：$5 \times 5 = 25(個)$

2段目：2方向からくりぬかれている。

$$5 \times 5 - 3 \times 5 - 2 = 8(個)$$

2段目

3段目：2方向からくりぬかれている。

$$5 \times 5 - 2 \times 5 - 6 = 9(個)$$

3段目

4段目：2方向からくりぬかれている。

$$5 \times 5 - 3 \times 5 - 2 = 8(個)$$

5段目：$5 \times 5 = 25(個)$

よって、合計は$25 + 8 + 9 + 8 + 25 = 75(個)$なので、立方体の個数は<u>75個</u>。

4段目

2(1) 底面積2つ分（①）、もとの直方体の側面積（②）、くりぬいた内側の部分の側面積（③）、の3つをそれぞれ求めて合計すればよい。

①：$(8 \times 8 - 4 \times 4) \times 2 = 96(cm^2)$

②：$12 \times 8 \times 4 = 384(cm^2)$

③：$12 \times 4 \times 4 = 192(cm^2)$

①、②、③の合計は

$$96 + 384 + 192 = 672(cm^2)$$

よって、表面積は<u>672cm²</u>。

(2) 図3の表面積は、図1の表面積から半径2cmの円4つ分の面積（①）をひいて、くりぬいた円柱のうち、高さ$8 - 4 = 4(cm)$分の内側の側面積（②）をたせば求められる。

①：$2 \times 2 \times 3.14 \times 4 = 50.24(cm^2)$

②：$2 \times 2 \times 3.14 \times 4 = 50.24(cm^2)$

求める表面積は、

$$672 - 50.24 + 50.24 = 672(cm^2)$$

よって、表面積は<u>672cm²</u>。

(3) 図5の体積は、もとの直方体（①）から(1)でくりぬいた直方体（②）と、そのまわりに4つくりぬかれている円柱の体積（③）をひけば求められる。

①：$8 \times 8 \times 12 = 768(cm^3)$

②：$4 \times 4 \times 12 = 192(cm^3)$

③：$2 \times 2 \times 3.14 \times 2 \times 4 = 100.48(cm^3)$

求める体積は，

$768 - 192 - 100.48 = 475.52 (cm^3)$

よって，体積は475.52cm³。

答え

1 (1) 24cm² (2) 30cm

2 (1) $\dfrac{3}{2}$cm (2) $\dfrac{7}{2}$cm

1 (1) 展開図は右の図のようになる。まず，BIの長さを求める。

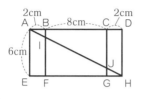

三角形ABIと三角形HFIは相似であるため，

$BI : FI = AB : HF$
$\qquad\qquad = 2 : 10$
$\qquad\qquad = 1 : 5$

であることから，BIの長さは

$6 \div 6 \times 1 = 1 (cm)$

次に，CJの長さを求める。三角形ACJと三角形HGJは相似であるため，

$CJ : GJ = AC : HG$
$\qquad\qquad = 10 : 2$
$\qquad\qquad = 5 : 1$

つまり，CJの長さは，$6 \div 6 \times 5 = 5 (cm)$

四角形BIJCは台形であるため，この面積を求めると，

$(1 + 5) \times 8 \div 2 = 24 (cm^2)$

よって，24cm²。

(2) 展開図は右の図のようになる。この展開図から考えると，もっとも短くなる線はAとA'をつないだ線になる。

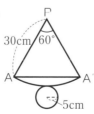

このおうぎ形の中心角は，

$360° \times \dfrac{5}{30} = 60°$

PA＝PA'であり，角PAA'＝角PA'Aであるため，三角形PAA'は正三角形であるとわかる。

$AA' = PA = 30cm$

したがって，30cm。

2 (1) 展開図の一部は右の図のようになる。

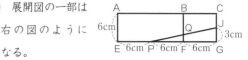

三角形PFQと三角形PGJは相似な三角形であるため，

$FQ : GJ = PF : PG$
$\qquad\qquad = 6 : 12$
$\qquad\qquad = 1 : 2$

これらより，FQの長さを求めると，

$3 \div 2 \times 1 = \dfrac{3}{2} (cm)$

よって，$\dfrac{3}{2}$cm。

(2) 展開図の一部は右の図のようになる。点Iから辺EFに垂直な補助線を引き，辺ABとの交点を点T，辺EFとの交点を点Sとする。

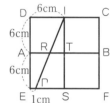

三角形IRTと三角形IPSは相似な三角形であるため，

$RT : PS = IT : IS$
$\qquad\qquad = 6 : 12$
$\qquad\qquad = 1 : 2$

これより，RTの長さを求めると，

$(6 - 1) \div 2 \times 1 = \dfrac{5}{2} (cm)$

これらより，ARの長さを求めると，$6 - \dfrac{5}{2} = \dfrac{7}{2}$ (cm)より，$\dfrac{7}{2}$cm。

答え

1 (1) 解説の通り
(2) カ (3) ②，⑤

1 (1) 点D，I，Jの中で同じ平面上にあるのは，頂点Dと，CG上にある点Jなので，まずはこの2点を直線で結ぶ。残りの一点は同じ平面上にないので，すでにある直線をのばして考える。

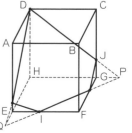

先ほど頂点Dから引いた直線をのばし，HGを延長した線との交点を見つける。そしてその交点をPとし，直線PIを引く。

直線PIをさらにのばし，HEを延長した直線との交点QからDに向かって直線を引く。残りの辺をかきこむ。

(2) BとCは同じ平面上にあるので2点を直線で結ぶ。

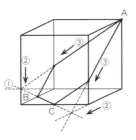

残りの点Aは同じ平面上にないので，BCをのばす（①）。

次に，立方体の辺をのばして，①との交点を見つける（②）。②でできた交点とAをそれぞれ直線で結び，立方体の辺との交点を見つける（③）。③でできた交点とA，B，Cを直線で結ぶと，切り口の形は上の図のようになる。よって，答えは力。

(3) 切り口を作図する。PQとPRはたがいに同じ平面上にあるので直線で結ぶ。次に，PRを延長して，立方体の辺EA，EFの延長との交点をア，イとする。次に，アからQに直線を引き，その延長と立方体の辺EHの延長との交点をウとする。

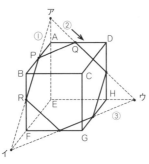

最後に，イとウを直線で結び，アイ，イウ，アウが立方体の辺と交わった点を直線で結ぶ。

展開図にはPとRしか示されていないので，残りの頂点をかきこむと正しく切り取り線がかかれているか判断できる。

頂点をすべてかきこむと，正しい展開図は②，⑤である。

---

38 立体の切断（体積）

1
(1) 180cm³　　(2) 416cm³
(3) 576cm³
(4)① ひし形　　② 台形
③ $\frac{8}{3}$ cm³

1(1) 切り口は図のようになる。

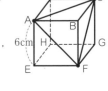

三角すいACFBの体積は，三角形ABCを底面とすると，

6×6÷2×6÷3
＝36（cm³）

立方体の体積は，

6×6×6＝216（cm³）

したがって，216－36＝180（cm³）より，180cm³。

(2) 右の図のように3つの三角すいを切り取る。

三角すいAMFBの体積は，

4×8÷2×8÷3
＝$\frac{128}{3}$ （cm³）

三角すいADNHの体積は，

8×（8－6）÷2×8÷3＝$\frac{64}{3}$ （cm³）

三角すいMCNGの体積は，

4×6÷2×8÷3＝32（cm³）

また立方体の体積は8×8×8＝512（cm³）なので，求める体積は，

512－（$\frac{128}{3}$＋$\frac{64}{3}$＋32）＝416（cm³）

よって，416cm³。

(3) 切り口は図のようになる。

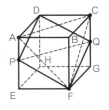

求めるのは点Aをふくむほうの立体の体積なので，三角形ACFと四角形DPFQに囲まれた部分の体積を求める。

DPとQFが平行であることから，APとCQの長さは等しい。また，求める立体の体積は，長方形APQCを底面とし，高さが立方体の面の正方

形の対角線の半分の長さである四角すい2つ分に
等しい。

対角線の長さを□cmとおくと，AC＝□cm，
AP＝CQ＝6cm。四角すい1つ分の体積は，

$$6 \times \frac{\square}{2} \times \square \div 3 = \square \times \square \,(\text{cm}^3)$$

求める体積は，

$$\square \times \square \times 2 \,(\text{cm}^3)$$

正方形の面積は□×□÷2＝144(cm²)
よって，

$$\square \times \square \times 2 = 288 \times 2$$
$$= 576 \,(\text{cm}^3)$$

したがって，576cm³。

(4)① 切り口の辺は右の図の
ようになる。向かい合っ
た4辺とも長さが同じで，
向かい合った辺どうしが
平行なので，この図形はひし形である。

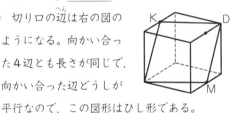

② 切り口の辺は右の
図のようになる。向
かい合った1組の辺
が平行なのでこの図
形は台形である。

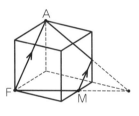

③ 問題文の通りに立体を
切ると，右のような六面
体になる。これは，底面
を三角形KFEとする三
角すいLKEFと，底面を
三角形EFMとする三角すいLEFMに分けられ，
これらは全く同じ形である。

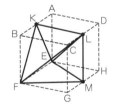

すなわち，どちらかの三角すいの体積を求め，
それを2倍したものが，求める体積となる。

三角すいLKEFの体積は，

$$2 \times 2 \div 2 \times 2 \div 3 = \frac{4}{3}$$

よって，求める体積は，$\frac{4}{3} \times 2 = \frac{8}{3}$ (cm³)

より，$\frac{8}{3}$cm³。

答え

1 (1) 247.28cm²　　(2) 30.615cm³
　　(3) 22.5cm³

2 4cm³

3 36.84cm³

1(1) 底面積は，

$$6 \times 6 \times 3.14 \times \frac{120°}{360°} = 37.68 \,(\text{cm}^2)$$

側面積は，縦が7cm，横がおうぎ形の周の長
さである長方形の面積である。

側面の横の長さは，$6 \times 2 + 6 \times 2 \times 3.14 \times$
$\frac{120°}{360°} = 24.56$ (cm) なので，側面積は，

$$7 \times 24.56 = 171.92 \,(\text{cm}^2)$$

したがって，表面積は，

$$37.68 \times 2 + 171.92 = 247.28 \,(\text{cm}^2)$$

よって，247.28cm²。

(2) 底面が中心角90°のおうぎ形である立体を2つ
つみ重ねた図形である。

大きいほうの立体の体積は，

$$3 \times 3 \times 3.14 \times \frac{90°}{360°} \times 4 = 28.26 \,(\text{cm}^3)$$

小さいほうの立体の体積は，

$$1 \times 1 \times 3.14 \times \frac{90°}{360°} \times 3 = 2.355 \,(\text{cm}^3)$$

求める体積は，

$$28.26 + 2.355 = 30.615 \,(\text{cm}^3)$$

よって，30.615cm³。

(3) もとの立体は図のような形を
している。

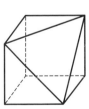

これは，一辺が3cmの立方
体から三角すいを切断した図形
である。立方体の体積は3×3
×3＝27(cm³)なので三角すいの体積は，

$$3 \times 3 \div 2 \times 3 \div 3 = 4.5 \,(\text{cm}^3)$$

求める体積は，

$$27 - 4.5 = 22.5 \,(\text{cm}^3)$$

よって，22.5cm³。

② もとの立体は右の図のような形になっている。これは，1辺が1cmの立方体を4つ積み重ねたものである。

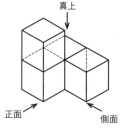

　　よって，体積は <u>4cm³</u>。

③ もとの立体は右の図のような形になっている。これは，①半径2cm，高さ4cmの円柱の半分と，②一辺が2cmの立方体から半径が2cm，高さが2cmの円柱の$\frac{1}{4}$をひいたものと，③一辺が2cmの立方体と，④直角二等辺三角形を底面とする高さ1cmの三角柱を組み合わせた図形である。

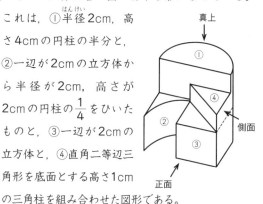

①を求める式は，
$$2 \times 2 \times 3.14 \times 4 \div 2 = 25.12 (cm^3)$$

②を求める式は，
$$2 \times 2 \times 2 - 2 \times 2 \times 3.14 \div 4 \div 2 = 8 - 6.28$$
$$= 1.72 (cm^3)$$

③を求める式は，
$$2 \times 2 \times 2 = 8 (cm^3)$$

④を求める式は，
$$2 \times 2 \div 2 \times 1 = 2 (cm^3)$$

　　よって，$25.12 + 1.72 + 8 + 2 = 36.84 (cm^3)$
より，<u>36.84cm³</u>。

31～39 まとめ問題

1	(1) 解説の通り	(2) 解説の通り
	(3) 1318.8cm²	(4) 282.6cm²
答え **2**	(1) 49個	(2) 578cm³
	(3) 17.5cm³	(4) 18cm
3	(1) 解説の通り	(2)エ
	(3) 152cm³	(4) 13個

1 (1)(2)　答えは下の図の通りである。

(1)
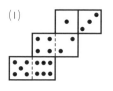

(2)
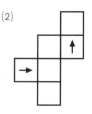

(3)　三角形ABCを回転させると，右の図のように，2つの円すいを組み合わせたような立体になる。それぞれの円すいの側面積を求める。

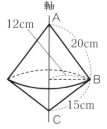

　　まず，大きいほうの円すいの側面積は，
$$20 \times 20 \times 3.14 \times \frac{12}{20} = 753.6 (cm^2)$$
　　次に，小さいほうの円すいの側面積は，
$$15 \times 15 \times 3.14 \times \frac{12}{15} = 565.2 (cm^2)$$

　　よって，この立体の表面積は $753.6 + 565.2$
$= 1318.8 (cm^2)$ より，<u>1318.8cm²</u>。

(4)　円すい台の上部をのばし，円すいをつくる。大きな円すいと，円すい台の上にある小さな円すいは相似になる。また，三角形ABOと三角形ADCは相似であり，その相似比は，

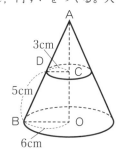

$$OB : CD = 6 : 3$$
$$= 2 : 1$$

　　ここから，ABの長さは10cmであることがわかる。よって，大きい円すいの側面積を求めると，
$$10 \times 10 \times 3.14 \times \frac{6}{10} = 188.4 (cm^2)$$
であり，小さい円すいの側面積は，
$$5 \times 5 \times 3.14 \times \frac{3}{5} = 47.1 (cm^2)$$
　　よって，円すい台の側面積は，
$$188.4 - 47.1 = 141.3 (cm^2)$$
である。そして，円すい台の上面の面積と底面積の合計は，
$$3 \times 3 \times 3.14 + 6 \times 6 \times 3.14 = 141.3 (cm^2)$$

よって，円すい台の表面積は，$141.3 + 141.3$

$= 282.6(cm^2)$ より，__282.6cm²__。

2 (1) 赤い色がぬられた立方体

をすべて取りのぞくと，

右の図のようになる。

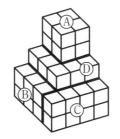

この立体を4つの部分に

分けて考える。まず，Ⓐ

の部分で赤い面がない積み

木が8個，Ⓑの部分は6個，Ⓒの部分は8個あり，

Ⓓの部分は27個ある。

これらの積み木の数をたし合わせると，

$8 + 6 + 8 + 27 = 49$（個）

よって，__49個__。

(2) いくつかの直方体に分けて考える。

①$4 × 10 × 8 = 320(cm^3)$

②$4 × 10 × 3 = 120(cm^3)$

③$2 × 8 × 3 = 48(cm^3)$

④$6 × 5 × 3 = 90(cm^3)$

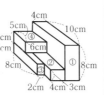

よって，すべての直方体の体積をたし合わせると，

$320 + 120 + 48 + 90 = 578(cm^3)$

よって，この立体の体積は__578cm³__。

(3)

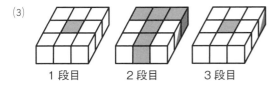

それぞれの段に分けて考えると，上の図のよう

になる。

まず，下から1段目の体積を求めると，

$9 - 1 = 8(cm^3)$

次に，下から2段目の体積を求めると，

$9 - 5 - 0.5 × 2 = 3(cm^3)$

そして，下から3段目の体積を求めると，

$9 - 1 - 0.5 × 3 = 6.5(cm^3)$

よって，これらの体積をたし合わせると

$8 + 3 + 6.5 = 17.5(cm^3)$

より，__17.5cm³__。

(4) 展開図のおうぎ形の中心

角を求めると，

$360° × \dfrac{3}{36} = 30°$

最短距離は，角ABOが

90°のときのABの長さで

あり，このとき角OABは

60°である。すなわち，

$AB : OA = 1 : 2$ になるの

で，ABの長さは，

$36 ÷ 2 = 18(cm)$

よって，__18cm__。

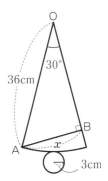

3 (1)

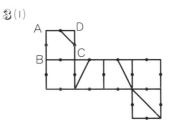 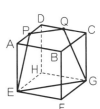

答えは左上の図の通りである。3点で切るとど

のようになるかを立体の状態で考えると，右上

の図のようになる。その後，展開図のどの点がど

の頂点に対応するかを考え，断面にできる平面

図形の辺をかく。

(2) 3点A，B，Cを通る平面で立方

体を切ると，右の図のようになる。

よって，答えは，__エ__。

(3) 右の図のように，辺PH，辺QF，辺AEをのば

し，その交点をOとすると三角すいOHEFがで

きる。三角すいOPAQと三角すいOHEFは相似

であり，その相似比はPA：HE＝4：6＝2：3

であるため，OEの長さは，

$12 × \dfrac{3}{3-2} = 36(cm)$

ここから，三角すいOHEF

の体積を求めると，

$6 × 6 ÷ 2 × 36 ÷ 3 = 216$

(cm^3)

次に，三角すいOPAQの体

積を求めると，

$4 × 4 ÷ 2 × (36 - 12) ÷ 3 = 64(cm^3)$

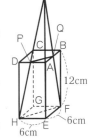

よって，求める立体の体積は，$216 - 64 = 152$

(cm^3) より，152cm³。

(4) 積み木は右の図の
ようになる。これら
の積み木の数は13
個。

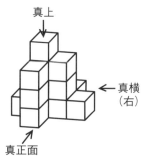

真上

真横
（右）

真正面

40 水面の高さの変化

答え

1 (1) 8cm　(2) 14.9cm

2 (1) 768cm³　(2) 4cm

3 2.8cm

1(1) 最初の水の体積は，

$10 \times 10 \times 3.14 \times 6 = 1884 (cm^3)$

おもりＡを入れると，水が入っている部分の
底面積は，（円柱の容器の底面積）－（おもりＡの
底面積）となるので，

$10 \times 10 \times 3.14 - 5 \times 5 \times 3.14$

$= 235.5 (cm^2)$

（水の高さ）＝（水の体積）÷（底面積）なので，お
もりＡを入れたときの水位は，

$1884 \div 235.5 = 8 (cm)$

となる。　よって，答えは，8cm。

(2) おもりＡとおもりＢを入
れていくと，右の図のように
おもりＡが完全に水につかる。

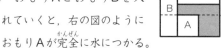

B

A

10cm

高さ10cmより下の部分のおもりの体積は，

$5 \times 5 \times 3.14 \times 10 + 4 \times 4 \times 3.14 \times 10$

$= 1287.4 (cm^3)$

この体積が，10cmより上の部分の水の体積と
等しくなる。また，10cmより上の水が入ってい
る部分の底面積は，（円柱の容器の底面積）－（お
もりＢの底面積）であるので，

$10 \times 10 \times 3.14 - 4 \times 4 \times 3.14$

$= 263.76 (cm^2)$

となる。

よって，高さ10cmよりも上の部分の水位は，

$1287.4 \div 263.76 = 4.88\cdots(cm)$

四捨五入すると4.9cmなので，求める水位は，

$10 + 4.9 = 14.9 (cm)$ より，14.9cm。

2(1) 底面を台形ABFEとし，高さを辺BCと考える
と，容積を求めることができる。

$(6 + 10) \times 8 \div 2 \times 12 = 768 (cm^3)$

よって，768cm³。

(2) おもりの体積は，こぼれた水の体積と等しい。
こぼれた水の体積は，$768 \times \frac{1}{12} = 64 (cm^3)$ であり，

$64 = 4 \times 4 \times 4$

これより，立体のおもりの一辺の長さは，4cm。

3 おもりを入れた状態の容器の底面積は，（直方体
の底面積）－（立方体の底面積）であるので，

$10 \times 12 - 8 \times 8 = 56 (cm^2)$

となる。よって，水の体積は，

$56 \times 6 = 336 (cm^3)$

である。おもりをぬき取ると，底面積は直方体の底
面積になるので，

$12 \times 10 = 120 (cm^2)$

（水面の高さ）＝（水の体積）÷（底面積）を用いて，

$336 \div (12 \times 10) = 2.8 (cm)$ より，2.8cm。

41 底面積と水の深さ

答え **1** 7.2cm

1 容器①の体積は，2つの直方体の体積の合計であ
るので，

$5 \times 5 \times 2 + 3 \times 3 \times 5 = 95 (cm^3)$

容器①に入っていた水の体積は，これと等しい。
容器②の下の円柱の体積を求めると，

$2 \times 2 \times 3.14 \times 6 = 75.36 (cm^3)$

これは95cm³よりも小さいので，円柱にはいっ
ぱいに水が入っていることになる。
残った水の体積は，

$95 - 75.36 = 19.64 (cm^3)$

であり，これが上の直方体に入っている。（水面の高さ）＝（水の体積）÷（底面積）より，直方体の部分の水位は，

$$19.64 \div (4 \times 4) = 1.2275 (\text{cm})$$

求めるのは，いちばん下からの水面の高さであるので，

$$6 + 1.2275 = 7.2275 (\text{cm})$$

四捨五入すると，<u>7.2cm</u>。

42 水を入れた容器をかたむける（水がこぼれない）

1 点線の下側の部分の円柱の体積は，

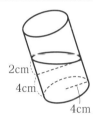

$$4 \times 4 \times 3.14 \times 4$$
$$= 200.96 (\text{cm}^3)$$

点線の上側の部分の体積は，底面が半径4cmの円で，高さが2cmの円柱の体積の半分である。

よって，点線の上側の部分の体積は，

$$4 \times 4 \times 3.14 \times 2 \div 2 = 50.24 (\text{cm}^3)$$

したがって，求める体積は，

$$200.96 + 50.24 = 251.2 (\text{cm}^3)$$

よって，<u>251.2cm³</u>。

2 水が入っている部分の形に注目すると，手前の面を底面としたとき，高さはどちらも4cmである。

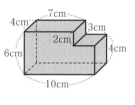

体積と高さが等しいので，底面積も等しい。

図1の水が入っている部分の底面積は，

$$4 \times 10 + 2 \times 7 = 54 (\text{cm}^2)$$

図2の水が入っている部分の底面は台形であり，この面積を求める式は，

$$(3 + x) \times 10 \div 2$$

であり，これが54cm²に等しいので，

$$(3 + x) \times 10 \div 2 = 54 (\text{cm}^2)$$

より，xは<u>7.8cm</u>。

43 水を入れた容器をかたむける（水がこぼれる）

1(1) 右の図のように点P～Sを定める。水が入っている部分の体積に注目して，

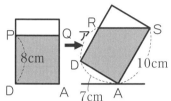

辺ABを高さとすると，高さは6cmで等しいので，底面積も等しい。よって，長方形PDAQと台形RDASの面積は等しい。

長方形PDAQの面積は，

$$7 \times 8 = 56 (\text{cm}^2)$$

台形RDASの面積を求める式は，

$$(ア + 10) \times 7 \div 2$$

よって，$(ア + 10) \times 7 \div 2 = 56 (\text{cm}^2)$より，アの長さは<u>6cm</u>。

(2)

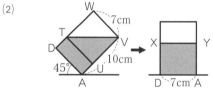

上の図のように，点T～Yとおき，TUを結ぶように補助線を引くと，三角形TUVは直角二等辺三角形になるので，四角形TUVWは正方形とわかる。よって，TWの長さは7cmなので，DTの長さは

$$10 - 7 = 3 (\text{cm})$$

容器をもとにもどしたときの長方形XDAYの面積と，台形TDAVの面積は等しいので，容器をもとにもどしたときの水の深さは，

$$(3 + 10) \times 7 \div 2 \div 7 = 6.5 (\text{cm})$$

よって，<u>6.5cm</u>。

答え

1 (1)　3cm³　　(2)　125　　(3)　189

2 (1)　5120cm³　　(2)　64cm³

(3)　$\dfrac{46}{3}$cm

1 (1)　グラフから，水そうは289秒でいっぱいになったことがわかる。水そうの体積は，

$10 \times 10 \times 10 - (5 \times 5 \times 5 + 2 \times 2 \times 2)$

$= 867$ (cm³)

よって，1秒間に入れた水の量は，

$867 \div 289 = 3$ (cm³) より，3cm³。

(2)　水面の高さが5cmになるまで，底面積は，

$10 \times 10 - (5 \times 5) = 75$ (cm²)

また，入れた水の量は，

$75 \times 5 = 375$ (cm³)

よって，5cmになるまでにかかった時間は，

$375 \div 3 = 125$ (秒)

より，（ア）にあてはまる数は，125。

(3)　水面の高さが，5cmから7cmに変化するとき，底面積は，

$10 \times 10 - (2 \times 2) = 96$ (cm²)

また，入れた水の量は，

$96 \times (7 - 5) = 192$ (cm³)

よって，5cmから7cmに変化するときにかかった時間は，

$192 \div 3 = 64$ (秒)

したがって，7cmになるまでにかかった時間は，

$125 + 64 = 189$ (秒) より，（イ）にあてはまる数は189。

2 (1)　一辺が8cmの立方体を10個組み合わせたので，

$8 \times 8 \times 8 \times 10 = 5120$ (cm³)

よって，5120cm³。

(2)　グラフより，水そうがいっぱいになるのは80秒後である。よって，

$5120 \div 80 = 64$ (cm³)

よって，64cm³。

(3)　入れた水の体積は容積の$\dfrac{7}{8}$なので，

$5120 \times \dfrac{7}{8} = 4480$ (cm³)

4480cm³の水を入れるのにかかった時間は，

$4480 \div 64 = 70$ (秒)

グラフより，水を70秒入れたときは，2段目に水をためている途中である。

2段目は，水位が8cm上がるのに24秒かかる。つまり，1cm水位が上がるのに$24 \div 8 = 3$ (秒) かかる。

よって，2段目には，

$(70 - 48) \div 3 = \dfrac{22}{3}$ (cm)

の高さまで水が入る。

水面の高さは，2段目をためている時間と高さの関係から，

$8 + \dfrac{22}{3} = \dfrac{46}{3}$ (cm)

よって，$\dfrac{46}{3}$cm。

答え

1 (1)　45秒後　　(2)　120秒後

2 (1)　4：1　　(2)　4：3：1

(3)　$\dfrac{512}{3}$

1 (1)　図のように①〜⑤の順に水が入る。

①と②の底面積の比は，底辺の長さの比に等しく，

$8 : 10 = 4 : 5$

よって，イの部分で水の深さが10cmになるのにかかる時間は，

$20 \times \dfrac{5}{4} = 25$ (秒)

したがって，水そうに水を入れ始めてから

$20 + 25 = 45$ (秒後)

よって，45秒後。

(2)　⑤と①〜④は，底面積が同じなので，水がたまるのにかかった時間の比は高さの比に等しい。よって，かかった時間の比は，

$6 : 14 = 3 : 7$

よって，⑤に水がたまるのにかかった時間は，

$$84 \times \frac{3}{7} = 36(秒)$$

したがって，水そうがいっぱいになるのは，水そうに水を入れ始めてから，

$$84 + 36 = 120(秒後)$$

よって，<u>120秒後</u>。

2(1)　図のように①〜⑦の順に水が入る。

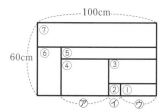

⑦と①と同様に，①の底面の長さを⑰とする。

①と②の高さが等しいので，①と⑰の比は，水がたまるのにかかった時間の比に等しく，

$$(16 - 12) : 12 = 1 : 3$$

次に，④と①〜③は高さが等しいので，⑦と①＋⑰の比は水がたまるのにかかった時間の比に等しく，

$$(96 - 48) : 48 = 1 : 1$$

よって，⑦と①と⑰の比は，

$$⑦ : ① : ⑰ = (1 + 3) : 1 : 3$$

したがって，⑦：①＝4：1より，<u>4：1</u>。

(2)　まず，仕切り板AとBについて考える。

①〜⑤の合計と，①〜④の合計は，底辺の長さが等しいので，AとBの高さの比は，水がたまるのにかかった時間の比と等しい。

よって，AとBの高さの比は，

$$128 : 96 = 4 : 3$$

次に，仕切り板BとCについて考える。

①〜③の合計と①〜②の合計は，底面の長さが等しいので，BとCの高さの比は，水がたまるのにかかった時間の比に等しい。

よって，BとCの高さの比は，

$$48 : 16 = 3 : 1$$

したがって，AとBとCの高さの比は，

A：B：C＝4：3：1より，<u>4：3：1</u>。

(3)　128分後は，①〜⑤まで水が入ったときの時

間である。仕切り板Aから右側の側面までの長さを△cmとする。128分後の水の量は，容積の半分であるから，

$$△ \times 30 \times 40 = (100 \times 30 \times 60) \div 2$$
$$△ = 75(cm)$$

グラフの□は，①〜⑥まで水が入ったときの時間である。①〜⑥の合計と①〜⑤の合計は，高さが等しい。よって，水がたまるのにかかった時間の比は，底辺の長さの比に等しく，

$$□ : 128 = 100 : 75 = 4 : 3$$

したがって，$□ = 128 \times \frac{4}{3} = \frac{512}{3}$より，

$\frac{512}{3}$。

46 水の変化とグラフ（仕切りあり，穴あり）

答え

1(1)　35cm　　(2)　450cm³

(3)　118分

2(1)　60cm　　(2)　30cm

(3)　675秒

1(1)　63分後の水の深さを△cmとする。63分後は仕切り板の上まで水が入っている。そのため，仕切り板がないものとして△cmまで水がたまる時間を考える。

△cmのときに入っている水の量を求める式は，

$$30 \times (30 + 15) \times △ = 1350 \times △ (cm³)$$

毎分750cm³ずつ水を入れているので，入っている水の量は，

$$750 \times 63 = 47250(cm³)$$

したがって，

$$△ = 47250 \div 1350 = 35(cm)$$

よって，<u>35cm</u>。

(2)　せんをぬいてから，93分後までに注目する。グラフより，93分後に仕切り板の高さである25cmまで水位が下がり，その後は，排水口のあるイのみで水位が下がっている。仕切りの高さまで水位が下がるのにかかった時間は，

$$93 - 63 = 30(分)$$

(1)で求めた63分後の水の深さは35cmなので，

下がった水位は，35 − 25 ＝ 10(cm)

　よって，1分間に排出する水の量は，

　　30 × 45 × 10 ÷ 30 ＝ 450(cm³)

　したがって，<u>450cm³</u>。

(3)　仕切り板の高さまで水位が下がったあと，イで

　排水される水の量は，

　　30 × 15 × 25 ＝ 11250(cm³)

　(2)より，1分間に排出される水の量は450cm³

　なので，イで水を排出するのにかかった時間は，

　　11250 ÷ 450 ＝ 25(分)

　よって，水を入れ始めてから，せんから水が流

れなくなるまでにかかった時間は，

　　93 ＋ 25 ＝ 118(分)

　したがって，<u>118分</u>。

2 (1)　水そうを真横か

ら見た図をかく。

水が入る順はあ

〜おとなる。

　ADの長さを△

cmとする。あ〜

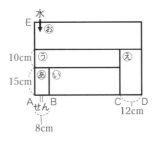

えに水がたまるまでの時間は，グラフより375

秒である。よって，入った水の量は，

　　100 × 375 ＝ 37500(cm³)

　あ〜えの合計の体積は，25 ×△× 25(cm³) な

ので，ADの長さは，

　　△ ＝ 37500 ÷ (25 × 25)

　　　 ＝ 60(cm)

　したがって，<u>60cm</u>。

(2)　AEの長さを○cmとする。

　あ〜おに水がたまるまでの時間は，グラフより，

　450秒である。よって，入った水の量は，

　　100 × 450 ＝ 45000(cm³)

　あ〜おの合計の体積は，

　　25 × 60 × ○(cm³)

　よって，AEの長さは，

　　△ ＝ 45000 ÷ (60 × 25) ＝ 30(cm)

　したがって，<u>30cm</u>。

(3)　水が流れるとき，ABの間に排水口があるので，

流れる水はあとうとおの水である。

　あの水が完全に流れるのにかかった時間は，

　　25 × 8 × 15 ÷ 100 ＝ 30(秒)

　うの水が完全に流れるのに，かかった時間は，

　　25 × (60 − 12) × (25 − 15) ÷ 100

　　＝ 120(秒)

　おの水が完全に流れるのにかかった時間は，

　　25 × 60 × (30 − 25) ÷ 100 ＝ 75(秒)

　よって，水を入れ始めてから，せんから水が流

れなくなるまでにかかった時間は，

　　450 ＋ 30 ＋ 120 ＋ 75 ＝ 675(秒)

　したがって，<u>675秒</u>。

40〜46 まとめ問題

答え

1　(1)　300cm³　　(2)　15cm
　　(3)　20.4cm

2　1695.6cm³

3　(1)　10.8L　　(2)　0.36L

4　(1)　20cm　　(2)　15
　　(3)　$428\frac{4}{7}$cm³

1 (1)　上がった水面の高さは，

　　20.5 − 20 ＝ 0.5(cm)

　この球の体積は，水そうの底面積に高さ0.5cm

をかけて求められるので，

　　20 × 30 × 0.5 ＝ 300(cm³)

　よって，球の体積は<u>300cm³</u>。

(2)　水そうに入っている水の体積と，水そうの体積は，

　　(水の体積) ＝ 20 × 30 × 20 ＝ 12000(cm³)

　　(水そうの体積) ＝ 20 × 30 × 40 ＝ 24000(cm³)

　あふれた水の体積と，水そうに残った水の体積は，

　　(あふれた水) ＝ 12000 ＋ 15000 − 24000

　　＝ 3000(cm³)

　　(残った水) ＝ 12000 − 3000 ＝ 9000(cm³)

　直方体を取り出したときの水面の高さは，残っ

た水の体積を水そうの底面積でわって求められる。

　　9000 ÷ (20 × 30) ＝ 15(cm)

したがって, 水面の高さは<u>15cm</u>。

(3) (1)より, しずめた4個の球と残った水の体積の合計は,

$$300 \times 4 + 9000 = 10200 \, (cm^3)$$

水そうの高さより高い直方体をしずめた水そうは, 底面積が小さくなったと考えることができるので, しずめた球と残った水の体積の合計を底面積でわって,

$$10200 \div \{(20 \times 30) - (10 \times 10)\} = 20.4$$

よって, 水面の高さは<u>20.4cm</u>。

2 かたむけた容器をもとにもどすと, 水面は容器の底面と平行になるため, 水面の高さは,

$$\{(20 - 8) + (20 - 2)\} \div 2 = 15 \, (cm)$$

円柱の底面の半径は $12 \div 2 = 6 \, (cm)$ であるから, 水の体積は,

$$6 \times 6 \times 3.14 \times 15 = 1695.6 \, (cm^3)$$

したがって, 水の体積は<u>1695.6cm³</u>。

3 (1) 水面の高さは $35 - 5 = 30 \, (cm)$ であるから, 水の体積は,

$$30 \times 12 \times 30 = 10800 \, (cm^3)$$

$1L = 1000cm^3$ だから, 単位をLになおすと,

$$10800 \div 1000 = 10.8 \, (L)$$

よって, 水の体積は<u>10.8L</u>。

(2) 45°かたむけているので, 右の図の三角形ABCは直角二等辺三角形となり,

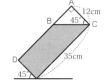

$$AB = 12 \, (cm)$$

$$BD = 35 - 12 = 23 \, (cm)$$

である。容器をもとにもどすと, 水面の高さは,

$$(35 + 23) \div 2 = 29 \, (cm)$$

になるので, 残った水の体積は,

$$30 \times 12 \times 29 = 10440 \, (cm^3)$$

(1)より, はじめに入っていた水の体積から, 残った水の体積をひくとこぼれた水の体積が求められるので,

$$10800 - 10440 = 360 \, (cm^3)$$

よって, こぼれた水の体積は

$$360 \div 1000 = 0.36 \, より, \, \underline{0.36L}。$$

4 (1) 図のように①～③の順に水が入る。①と②は高さが等しいので, 底辺の比はかかった時間の比に等しい。

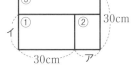

よって, 30：ア＝21：(35 − 21)　ア＝20より, <u>20cm</u>。

(2) グラフより, ①～③に水が入るまで70分, ①～②まで水が入るまで35分かかる。①～③の合計と, ①～②の合計は, 底辺が等しいので, 高さの比はかかった時間の比に等しい。

$$イ：30 = 35：70$$

よって, イにあてはまる数は<u>15</u>。

(3) (2)とグラフより, ①に水がたまるのには21分かかる。21分までにたまった水の体積は,

$$20 \times 30 \times 15 = 9000 \, (cm^3)$$

じゃ口から出ている水の量は, 体積を時間でわって求められるので, $9000 \div 21 = 428\frac{4}{7}$ (cm^3) となる。

よって, じゃ口から出ている水は毎分 $428\frac{4}{7}cm^3$。

いろいろな問題に慣れよう

答え		
1	$60cm^2$	
2	$\frac{1}{3}$ 倍	
3	$188.4cm^3$	
4	(1)　3m	(2)　$18m^2$
5	$\frac{15}{2}$ cm²	

1 図のように, わからない部分の長さを□cmとおく。この立体の体積を求める式は,

$$6 \times 18 \times 14 - 6 \times □ \times (14 - 8) = 1224 \, (cm^3)$$

となる。よって, □＝8(cm)であり, 色をぬった

部分の横の長さは，18－8＝10(cm)

　　色をぬった部分の面積は，6×10＝60(cm²)
より，<u>60cm²</u>。

② 円柱の側面をひらくと図1のようになる。

　1まわりと半分まわるので，円柱の側面の横の長さとBCの比は2：3である。

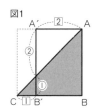
図1

　図2のように補助線を引くと，各三角形の面積の比は辺の比に等しく，2：1：3である。

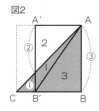
図2

　よって，紙がまきついていない部分の面積は，側面の面積の

$$\frac{2}{2+1+3}=\frac{1}{3}（倍）$$

したがって，<u>$\frac{1}{3}$倍</u>。

③ 辺ADを軸にして回転させるとき，面BEFCのうち辺ADの近くを通るのは，点Aから辺BCに引いた垂直な線と辺BCの交点の通る部分である。

　三角形ABCにおいて，点Aから辺BCに引いた垂直な線をAHとすると，三角形ACBと三角形HCAは相似なので，

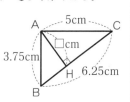

　　6.25：3.75＝5：□，

　　　　　□＝3(cm)

　点Hから辺EFに引いた垂直な線をHIとする。面BEFCが通過したとき，軸からいちばん遠くを通るのは辺CF，いちばん近くを通るのはHIである。この

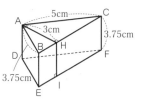

とき，できる立体は，辺ACを半径とする円柱から，AHを半径とする円柱をひいたものとなる。よって，体積は，

　　(5×5×3.14－3×3×3.14)×3.75

　　＝50.24×3.75＝188.4(cm³)

したがって，<u>188.4cm³</u>。

④(1)　できるかげは図のようになる。

ぬりつぶした部分の面積が40m²より，四角形PQRSの面積は，

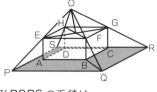

　　40＋4×8＝72(m²)

　縦と横をかけると72になる辺のうち，辺の長さの比が8：4＝2：1と同じになっている組み合わせは，縦12m，横6mである。

　よって，PQ＝12m，QR＝6m。

　三角形OEFと三角形OPQは相似より，

　　OF：FQ＝8：(12－8)＝2：1

　三角形OIFと三角形FBQは相似より，三角形OIFと三角形FBQの辺の比は2：1であるので，

　　BF＝6×$\frac{1}{2}$＝3(m)

したがって，<u>3m</u>。

(2)　OI＝12m，①よりBF＝3mなので，三角形OIFと三角形FBQの辺の比は

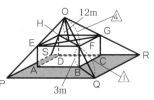

12：3＝4：1。

　よって，OF：FQ＝4：1なので，

　EF：PQ＝OF：OQ＝4：5

　したがって，PQ＝8×$\frac{5}{4}$＝10(m)，

QR＝4×$\frac{5}{4}$＝5(m)

　四角形PQRSの面積は，5×10＝50(m²)

　かげの面積は，50－32＝18(m²)

したがって，<u>18m²</u>。

⑤　できるかげは図1のようになる。

　三角形OIPについて，OI：BF＝6：2＝3：1より，三角形BPFと三角形OPIの辺の長さの比は1：3なので，各辺の比は図2のようになる。

図1

　　OB：BP＝2：1

また，かげを上から見た
様子は図3のようになる。
三角形OBCと三角形OPQ
について，OB：BPの比か
らPQ＝3mであり，さら
にQR＝3mである。した
がってぬりつぶした部分の
面積は，

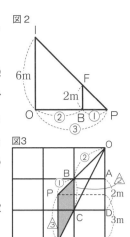
図2

$$3 \times 3 \div 2 - 2 \times 2 \div 2 = \frac{5}{2}(m^2)$$

また，図4のぬりつぶし

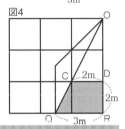
図3

た部分の面積は，

$$(2+3) \times 2 \div 2 = 5(m^2)$$

したがって，かげの面積
は，$\frac{5}{2} + 5 = \frac{15}{2}$ (m^2)
より，$\frac{15}{2}$ m^2。

図4

適性検査型①

> 答え
>
> ❶
> (1) 計算式：$(63 \times 20 \div 2) \times 2 = 1260$
> 　　答え：1260cm²
>
> (2) 辺AEの長さ：15cm
> 　　説明：三角形ABDと三角形BCD
> 　　は底辺がBDで共通の三角形だか
> 　　ら，面積の比は高さの比になる。
> 　　よって，AE：EC＝5：16となり，
> 　　$AE = 63 \times \frac{5}{21} = 15$
>
> ❷ (1) 6cm 　(2) 24cm

❶(1) 図1の凧の型紙は，直線ACを軸に左右対称に
なっている。辺ACと辺BDの交点は，辺BDを
二等分するので，辺BEの長さは，

$$40 \div 2 = 20(cm)$$

凧の面積は三角形ABCの面積の2倍なので，
三角形ABCの面積を求める式は$63 \times 20 \div 2$よ
り凧の面積を求める式は，$\underline{(63 \times 20 \div 2) \times 2 = 1260}$(cm²)となる。

これを計算して，答えは1260cm²。

(2) 底辺の長さが等しい2つの三角形の面積の比は
高さの比に等しい。ヒントより，三角形ABDの
面積と三角形BCDの面積の比が5：16なので，
AE：AC＝5：（16＋5）＝5：21である。
AC＝63cmより，$AE = 63 \times \frac{5}{21} = 15(cm)$
となり，15cm。

❷(1) 辺a，辺bがともに5cm以上であり，辺aと辺
bの長さをたすと16cmになることから，（辺a，
辺b）の組み合わせとして（5，11），（6，10），
（7，9），（8，8）が考えられる。ここで②より，
むだなく切り分けることができるので，1辺の
60cmをあまりなくわり切れる（6，10）が正しい。
③を見ると，辺aのほうが短いので，辺aの長さ
は6cm。

(2) 辺cと辺dの比は5：4である。
辺cに辺bが並ぶようにつめたとき，同じ向き
につめるので，60cmより短くなるように並べる
と辺cは最大で50cmになる。
辺cが50cmのとき，辺dは40cmになるが，
これは辺aの6cmでわり切ることができない。
辺cが40cmのとき，辺dは32cmとなるが，
これも辺aの6cmでわり切ることができない。
辺cが30cmのとき，辺dは24cmであり，こ
れは辺aの6cmでわり切ることができる。
よって，辺dの長さは24cm。

適性検査型②

> 答え
> (1) イ，ウ
> (2) 1…7個，2…7個，3…7個，4…6個
> (3)〔図5〕 イ，〔図6〕 オ

(1) 切断面の図形が直角になるものは，正方形や長
方形しかないため，イの直角二等辺三角形はあ
りえない。また，平行な2つの面では切り口の直
線どうしは平行になるが，正五角形はどの2辺も
平行にならないので，切り口として正五角形にな
ることはない。よって，答えはイ，ウ。

(2) 〔図4〕の積み木を3つの段に分けて考える。

見えている部分を記入すると次の図のようになる。

1	4	2
2	3	4
1	2	3

上段

		3
		2
3	4	1

中段

		1
		4
1	2	3

下段

積み木が接する面に同じ数字の面が重ならないように並べる。中段の中心の積み木について考えると，2〜4の数がかいてある積み木と接しているため，1である。ほかの積み木も同じように考えると下の図のようになる。

1	4	2
2	3	4
1	2	3

上段

3	2	3
4	1	2
3	4	1

中段

1	4	1
2	3	4
1	2	3

下段

よって，積み木の個数は，1…7個，2…7個，3…7個，4…6個。

(3) 〔図5〕を右の図の矢印の方向から見ると，ア，ウのように見ることができる。イのように円柱と円すいがくっついたような図を見ることはできない。

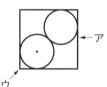

また，〔図6〕を右の図の矢印の方向から見ると，エ，カのように見ることができる。オの下の段のように1つの四角形を見るためには，面に対して平行な方向から見る必要があるが，そのとき下の段はエのように3つの四角形が見えるので，オの図を見ることはできない。

よって，答えはイ，オ。

総合テスト①

答え

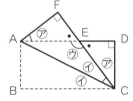

1 132度　　**2** 33.5秒後

3 471cm³　　**4** 52cm³

5 36分

1 図のように点E，Fを定める。三角形AEFと三角形CEDは合同なので，角ECDの大きさは㋐と等しい。したがって，

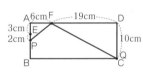

㋐＋㋑×2＝90°

角㋐の大きさは，$90° × \dfrac{7}{7+4×2} = 42°$

よって，角㋒の大きさは，

90°＋42°＝132°

したがって，132度。

2 点Qが点Cから点Dに動くのは，30秒後から35秒後である。

30秒後，点Pは点Eから2cmのところにあり，点Qは点C上にあるので，四角形FPBQは図のようになっている。

面積は，四角形ABCDの面積から，三角形AFP，三角形DFQの面積をひいて求められるので，

10×25－(19×10÷2＋6×5÷2)

＝140(cm²)

140－108.5＝31.5(cm²)より，これよりも31.5cm²面積が小さくなればよい。

1秒ごとの面積の変化について，三角形AFPは高さが1cmずつ大きく，三角形DFQは高さが2cmずつ小さく，三角形BCQは高さが2cmずつ高くなる。

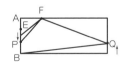

四角形FPBQの面積は毎秒，

6×1÷2－19×2÷2＋25×2÷2＝9(cm²)

小さくなる。

よって, 31.5cm² 小さくなるのにかかる時間は,

31.5 ÷ 9 = 3.5(秒)

したがって, 30 + 3.5 = 33.5(秒後)

より, <u>33.5秒後</u>。

3 円すいを縦に切った断面は図のようになる。

高さの比より, 重なっている部分の円すいの底面の半径は 3cm である。よって, 求める体積は,

3 × 3 × 3.14 × 5 + 6 × 6 × 3.14 × 10 ÷ 3

− 3 × 3 × 3.14 × 5 ÷ 3 = 471(cm³)

したがって, <u>471cm³</u>。

4 展開図を組み立てると右の図のような立体になる。

体積は, 4 × 4 × 4 − 4

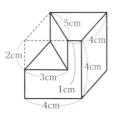

× 3 ÷ 2 × 2 = 52(cm³)より, <u>52cm³</u>。

5 Aの部分から水があふれるまで8分かかることから, 8分間で入る水の量は

50 × 8 = 400(cm³)

よって, 水そうの縦の長さは,

400 ÷ (5 × 4) = 20(cm)

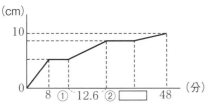

また, グラフの横軸①, ②にあてはまる数字について, ①はアの高さまで水が入ったときなので,

20 × (5 + 4) × 4 − 720(cm³)

720 ÷ 50 = 14.4(分)

また, ②はイより右側が満水になるときなので,

14.4 + 12.6 = 27(分)

27分間で入る水の量は,

27 × 50 = 1350(cm³)

イの高さは,

1350 ÷ (20 × 9) = 7.5(cm)

□は, イの左側が満水になるまでの時間である。

20 × 3 × 7.5 ÷ 50 = 9(分)

よって, 27 + 9 = 36(分) より, <u>36分</u>。

総合テスト②

1 グラフより, 面積の増え方は3回変化する。

㋐ 5 ～ 8 秒,

㋑ 8 ～ 10 秒,

㋒ 10 ～ 13 秒

のそれぞれについての図形のようすは次のようになっている。

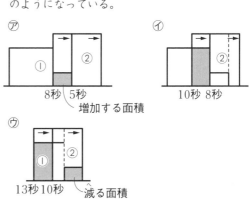

(1) グラフより, 初めて図形が重なるのは5秒後なので, オは<u>5cm</u>である。

また, ㋐, ㋑, ㋒のそれぞれより, 図形①と図形②が初めて重なってから, 図形①の右の小さな長方形部分が完全に図形②と重なり切るまで8−5 =3(秒), その後, 図形①の右はしと図形②の右はしが重なるまで10−8=2(秒), その後, 図形①の大きい長方形の右はしと図形②の右はしが重なるまで13−10=3(秒)かかることがわかる。

これより, 各辺の長さは次の図のようになる。

したがって、ア＝

<u>5cm</u>、イ＝<u>6cm</u>、ウ＝

<u>8cm</u>、エ＝<u>4cm</u>、カ＝

<u>5cm</u>。

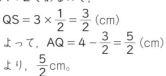
2cm
②
4cm 8cm
6cm ①
3cm 2cm 3cm

(2) 11秒後のようすは図

のようになっている。

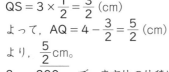
②
①
6cm 4cm
2cm
5cm 1cm

したがって、重なる部

分の面積は、

$$6 \times 5 - 4 \times 2 = 22 (cm^2)$$

より、<u>22cm²</u>。

2 立方体の展開図の一部は、次の図のようになる。

IからEFに垂直な線をおろし、EFとの交点をR、

ABとの交点をSとする。

三角形IQSと三角形IPRは相

似であり、EP＝1cmより

PR＝3cm

また、IS：SR＝1：1より、三

角形IQSと三角形IPRの相似比

は1：2であるので、

$$QS = 3 \times \frac{1}{2} = \frac{3}{2} (cm)$$

よって、$AQ = 4 - \frac{3}{2} = \frac{5}{2} (cm)$

より、$\frac{5}{2}$cm。

D 4cm I C
Q
A B
S
E P F
1cm 3cm R

3 2m＝200cmで、直方体の体積は90000cm³より、底面の正方形の面積は

$$90000 \div 200 = 450 (cm^2)$$

正方形の対角線の長さを□cmとおく。正方形の

面積は、□×□÷2で求められる。したがって、

$$□×□÷2 = 450、□×□ = 900$$

円柱の底面の円は、半径が□×$\frac{1}{2}$(cm)である。

底面積を求める式は、

$$\left(□ \times \frac{1}{2}\right) \times \left(□ \times \frac{1}{2}\right) \times 3.14$$
$$= □ \times □ \times \frac{1}{4} \times 3.14$$

□×□＝900より、

$$□ \times □ \times \frac{1}{4} \times 3.14 = 900 \times \frac{1}{4} \times 3.14$$
$$= 706.5 (cm^2)$$

よって、もとの木材の体積は、

$$706.5 \times 200 = 141300 (cm^3)$$

したがって、<u>141300cm³</u>。

4 立方体を上から3段に分けると、各段のようすは

下から順に次のようになる。

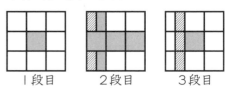
1段目　　2段目　　3段目

立方体1この体積は、$2 \times 2 \times 2 = 8 (cm^3)$

また、くりぬく三角柱について、

右図で考えると、AC＝CEより、

GD：EF＝1：2、

$$GD = 2 \times \frac{1}{2} = 1 (cm)$$

台形GEFDの面積は、

$$(1 + 2) \times 2 \div 2 = 3 (cm^2)$$

A B
C G D
E F

1段目は、立方体1つをくりぬいているので、残

った体積は、

$$8 \times 9 - 8 = 64 (cm^3)$$

2段目は、立方体3つと底面が台形の四角柱2つ

をくりぬいている。

四角柱の体積は、台形GEFDを底面とすると、

底面積は3cm²より、

$$3 \times 2 = 6 (cm^3)$$

よって、2段目の残った体積は、

$$8 \times 9 - (6 \times 2 + 8 \times 3) = 36 (cm^3)$$

3段目は、立方体1つと三角柱1つをくりぬいて

いる。三角柱の体積は、底面積1cm²より

$$1 \times (2 \times 3) = 6 (cm^3)$$

よって3段目の残った体積は

$$8 \times 9 - (6 + 8) = 58 (cm^3)$$

よって、求める体積は

$$64 + 36 + 58 = 158 (cm^3)$$より、<u>158cm³</u>。

5 円柱をしずめる前後にお

いて、しずめる円柱によって

おしあげられた水が☆部分に

移動するので、☆部分と★部

分の体積が等しくなっている。

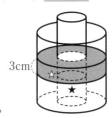
3cm
☆
★

☆部分は中央に底面が6cm²、高さ3cmの穴のあい

たドーナツ型になっている。

容器の底面積を□cm²とすると、

$6×10=□×3-6×3$, $□=26$

よって，求める底面積は<u>26cm²</u>。

総合テスト③

1　三角形GFHと三角形BFCが相似より，図1で示した部分の比は$10:6=5:3$である。正方形の辺についても，図2のように補助線を引くと，三角形GABと三角形FIBが相似より，図2で示した部分の比は$5:3$である。

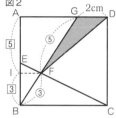

図1

図2

したがって，図2のぬりつぶした部分の三角形について，底辺は2cm，高さは$6×\frac{5}{5+3}=\frac{15}{4}$(cm)なので，

面積は$2×\frac{15}{4}÷2=\frac{15}{4}$(cm²)

また，図3において，

$6-\frac{15}{4}=\frac{9}{4}$(cm)

$3-\frac{9}{4}=\frac{3}{4}$(cm)

より，図3で示した部分の比は$\frac{3}{4}:\frac{9}{4}=1:3$である。

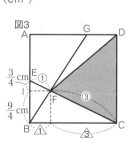

図3

したがって，図3の色をぬった部分の三角形について，底辺は6cm，高さは$6+\frac{3}{1+3}=\frac{9}{2}$(cm)なので，面積は$6×\frac{9}{2}÷2=\frac{27}{2}$(cm²)

よって，求める面積は

$\frac{15}{4}+\frac{27}{2}=17\frac{1}{4}$(cm²)

したがって，<u>$17\frac{1}{4}$cm²</u>。

2　通過する部分は図のようになる。

この図を，太線部分で分けて考えると，求める面積は，半径6cmの円から半径3cmの円をくりぬいた図形1つと，半径3cmの円2つの面積の合計と考えることができる。

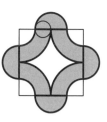

よって，求める面積は，

$6×6×3.14-3×3×3.14+3×3×3.14×2$

$=113.04-28.26+56.52$

$=141.3$(cm²)

したがって，<u>141.3cm²</u>。

3　この立体は，図のように円柱の4分の1が立方体にうまった形をしている。

円柱部分の表面積について，底面積は半径4cmの円の$\frac{3}{4}$，側面の横の長さは半径4cmの円周の$\frac{3}{4}$より，底面積2つ分は，

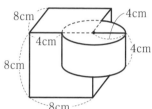

$4×4×3.14×\frac{3}{4}×2=75.36$(cm²)

側面積は

$4×2×3.14×\frac{3}{4}×4=75.36$(cm²)

また，立方体部分については，円柱の側面と重なっている2つの面で，一辺が4cmの正方形分の表面積が欠けるので，

$8×8×4+(8×8-4×4)×2=352$(cm²)

よって，表面積は，

$75.36+75.36+352=502.72$(cm²)

したがって，<u>502.72cm²</u>。

4　点J，KはBF，DHの中点であることより，JKとFHは平行であり，その長さは等しい。また，AGは四角形ACGEの対角線であり，その長さは正方形EFGHの対角線よりも長くなる。すなわち，AGの長さはJKよりも長くなる。

よって，ア～エの中でひし形の対角線AGがJKよりも長くなっている<u>エ</u>が正しい。

5 ぬられた面の数について考える。

　積み木を上から4段に分け，各積み木が何面色を
ぬられたかを数えると，図のようになる。

1段目

3	2	2	3
2	2	2	2
3			3
4			4

2段目

2	1	1	2
1	1	1	1
2			2
3			3

3段目

2	1	1	2
1	0	0	1
1	1	1	1
2	2	2	2

4段目

3	2	2	3
2	1	1	2
2	1	1	2
3	2	2	3

　4面色がぬられた積み木は2個，3面ぬられた積
み木は10個，2面ぬられた積み木は24個，1面ぬ
られた積み木は18個，色がぬられていない積み木
は2個である。

　積み木のすべての面の合計は $6×56＝336$（面），
色がぬられた面は，

　　　$4×2＋3×10＋2×24＋1×18＝104$（面）

したがって，ペンキがぬられていない面の合計は，

　　　$336－104＝232$（面）より，232面。

6 $600cm^3$ の水を3等分して入れるので，1つの容
器には $200cm^3$ の水が入る。高さの比が $1：2：3$
なので，（底面積）×（高さ）＝（体積）より，

底面積の比は

　　　$A：B：C＝\dfrac{200}{1}：\dfrac{200}{2}：\dfrac{200}{3}＝6：3：2$

　次に，高さが等しくなるように水を入れたとき，
底面積の比が $6：3：2$ より，入っている水の量の比も

　　　$A：B：C＝6：3：2$

　よって，Aに入っている水の量は，$660×\dfrac{6}{6＋3＋2}$
$＝360$（cm^3）　より，360cm³。

64

※解答・解説は編集部が作成したものです。
15471 答